Osprey Aircraft of the Aces

Corsair Aces of World War 2

Mark Styling

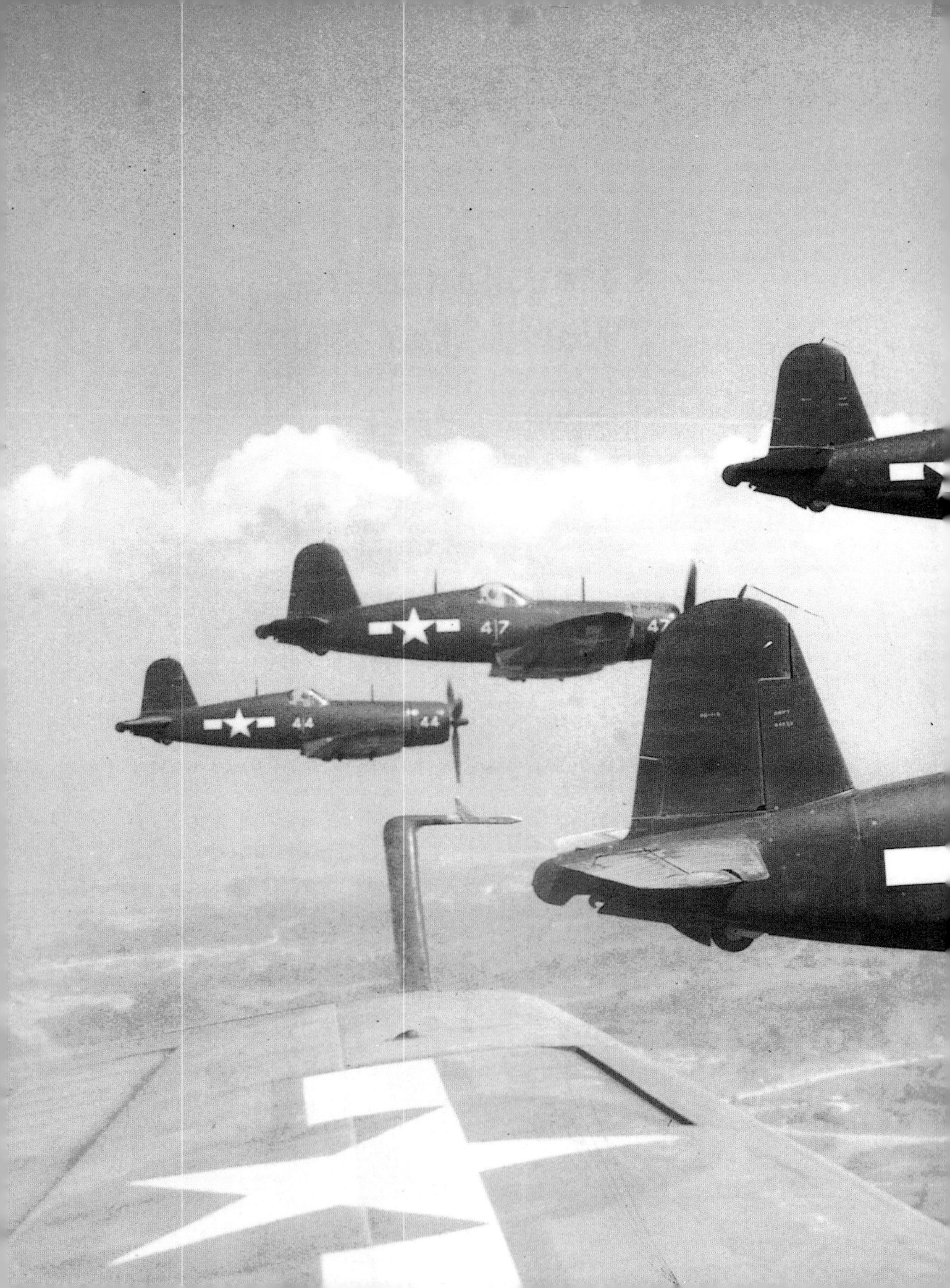
47
47
44
44

Osprey Aircraft of the Aces

オスプレイ軍用機シリーズ
32

第二次大戦の
F4Uコルセアエース

[著者]
マーク・スタイリング

[訳者]
武田秀夫

大日本絵画

カバー・イラスト／イアン・ワイリー　　　　フィギュア・イラスト／マイク・チャペル
カラー塗装図／マーク・スタイリング、　　　スケール図面／マーク・スタイリング
　　　　　　　ジョン・ウィール

カバー・イラスト解説
1943年5月13日、ラッセル島東方15マイル(24km)の海上で通算4機目の撃墜に成功したのち、次の獲物を追うケネス・ウォルシュ少尉操縦のF4U-1「No.13」BuNo 02310。この日ウォルシュは零戦を3機撃墜、1機撃破して、コルセアパイロットとして初のエースの栄冠に輝いた。ソロモン方面における3回の前線勤務期間中に20機を撃墜し、VMF-222に移籍後も1945年に沖縄で零戦を1機撃墜、その勲功によりコルセアエースとしてはじめて、アメリカの兵士にとって最高の名誉とされる議会名誉勲章を授与された。

凡例
■本書に登場する英米の軍事組織について与えた主な邦語訳は以下の通りである。また必要に応じて略称も用いた。
米海兵隊(USMC＝United States Marine Corps)
Marine Air Group (MAGと略称)→海兵航空群、Marine Fighter Squadron (VMと略称)→海兵戦闘飛行隊
米海軍(USN＝United States Navy)
Air Group (AGと略称)→航空群、Fighting Squadron (VFと略称)→戦闘飛行隊、Bombing Squadron (VBFと略称)→爆撃飛行隊
英海軍(FAA＝Fleet Air Arm)
Fighter Wing→戦闘航空団、Squadron→飛行隊
ニュージーランド空軍(RNZAF＝Royal New Zealand Air Force)
Squadron→飛行隊
■搭載火器について、本書では便宜上口径20mmに満たないものを機関銃、それ以上を機関砲と記述した。
■写真解説文の訳注は[　]内に記した。

翻訳にあたっては「Osprey Aircraft of the Aces 8 Corsair Aces of World War 2」の2000年に刊行された版を底本としました[編集部]。

目次 contents

6	1章	ガダルカナルでデビューを飾る guadalcanal debut
16	2章	後続のF4U、続々と到着 more F4Us arrive
31	3章	ムンダからトロキナへ torokina and munda
57	4章	ラバウルを荒らす黒羊の群れ the 'black sheep' squadron
64	5章	アメリカ海軍のコルセア US navy corsairs
72	6章	遂にソロモンを制覇 success in the south west
76	7章	イギリス海軍のコルセア british corsairs
84	8章	中部太平洋で神風と戦う the central pacific

100 付録
appendices
100 　隊員からエースが生まれたコルセア飛行隊一覧
100 　コルセアエースが搭乗した空母とその飛行隊
101 　米海軍／米海兵隊／英海軍コルセアエース一覧

34 カラー塗装図
colour plates
105 　カラー塗装図解説

50 パイロットの軍装
figure plates
111 　パイロットの軍装 解説

chapter 1
ガダルカナルでデビューを飾る
guadalcanal debut

　アメリカは1942年早々、南西太平洋の日本軍前線基地を攻撃すべく、活動を開始した。ニュージーランドのはるか北に位置するニューヘブリデス諸島のエファテ島からはじまって同諸島のエスピリツサント島へ、次いでソロモン諸島をさかのぼって最後はビスマルク諸島まで、航空基地を建設しつつ一歩一歩島伝いに北上する海軍作戦部長キング提督立案の作戦が、いよいよ実行に移されたのである。4月4日には全太平洋戦域を二分して、中部太平洋地区はチェスター・ニミッツ提督、南西太平洋地区はダグラス・マッカーサー将軍がそれぞれ指揮をとり、ニミッツが1942年11月以降ギルバート諸島を手始めにマーシャル群島、マリアナ諸島、硫黄島、沖縄を攻略し、マッカーサーがソロモン、ニューギニアを経てフィリピンを制定する大戦略が決定した。

　南西太平洋方面の日本軍を制圧するには、まずソロモン諸島において主導権を握ることが絶対必要だった。アメリカはその第一歩として1942年8月7日、海兵隊の大部隊をガダルカナル島に上陸させ、日本が建設中の飛行場を短時間のうちに奪取して、急遽完成に向けて工事を開始した[※1]。

　ガダルカナルの飛行場は8月12日には早くも米軍機が着陸、その数日後には公式に「ヘンダーソン飛行場」と命名されて基地としての機能が確立し、以後この飛行場と、隣接する2本の戦闘機専用滑走路「ファイターストリップ・1」と同「2」を使用する飛行隊は、ガダルカナル島の米軍暗号名をもじって「カクタス・エアフォース」と総称されることになった。

　ソロモン諸島は、日本にとって戦略的にきわめて重要な位置にあった。もしアメリカにこの一帯の支配権を握られると、日本の南太平洋方面の重要拠点であるラバウル基地の存在が脅かされるからである。それ故に米軍がガダルカナルを占領するや、日本は陸海軍航空勢力の総力を挙げて牽制行動に出たが、結局はソロモン海域で熟達した搭乗員多数を失い、その痛手から回復しないまま、戦争に敗れ去るのである。

　チャンス・ヴォートF4U-1コルセアが配備された海兵隊初の戦闘飛行隊、ウィリアム・ガイス少佐を隊長とするVMF-124がガダルカナルに展開したのは、1943年2月12日のことだった。ソロモンの攻防戦が本格的にはじまろうとする時に、航続距離が従来のF4Fのほぼ倍に達するコルセアを入手したことは、カクタス・エアフォースがソロモン諸島沿いによりいっそう北へさかのぼって戦える

1940年5月29日に初飛行に成功した、コルセアのプロトタイプXF4U-1。アメリカ海軍は翌年6月30日に正式発注を行なった。XF4U-1は当時最大最強の星形エンジン、プラット&ホイットニーR-2800と、単座戦闘機としては前例のない大直径のプロペラを持つ、画期的な戦闘機だった。その大きなプロペラと地面との間に充分な隙間をとるため、チャンス・ヴォート社の設計陣は逆ガル型の主翼を採用して、主脚の長さを通常範囲にとどめることに成功した。この翼はまた、根元の胴体への入射角がほぼ直角になるため、普通の機体にはつきものの大型フェアリングが不要となって、空気抵抗の減少に寄与した。
(via Phil Jarrett)

アメリカ海軍が公報用に作成したソロモン諸島地中心部とその周辺を示す地図。
(reproduced courtesy of the US Navy's FPO office)
[字が小さいのでわかりやすいよう、本文に登場する主な地名に番号をふった：①ラバウル飛行場　②トロキナ飛行場　③エンプレスオーガスタ湾　④ブイン飛行場　⑤バラコマ飛行場　⑥オンドンガ飛行場　⑦ムンダ飛行場　⑧カヒリ飛行場　⑨ヘンダーソン飛行場　⑩ツラギ島]

ことを意味した。またコルセアなら、米軍重爆撃機の護衛と戦闘機自身による敵飛行場制圧を、両方立派にこなせるはずだった。

ソロモンに到着したVMF-124の精鋭の中に、のちに初のコルセアエースとなった海兵隊のベテランパイロット、ケネス・ウォルシュ少尉がいた。ウォルシュは戦後に当時の状況を回想して、次のように語っている。

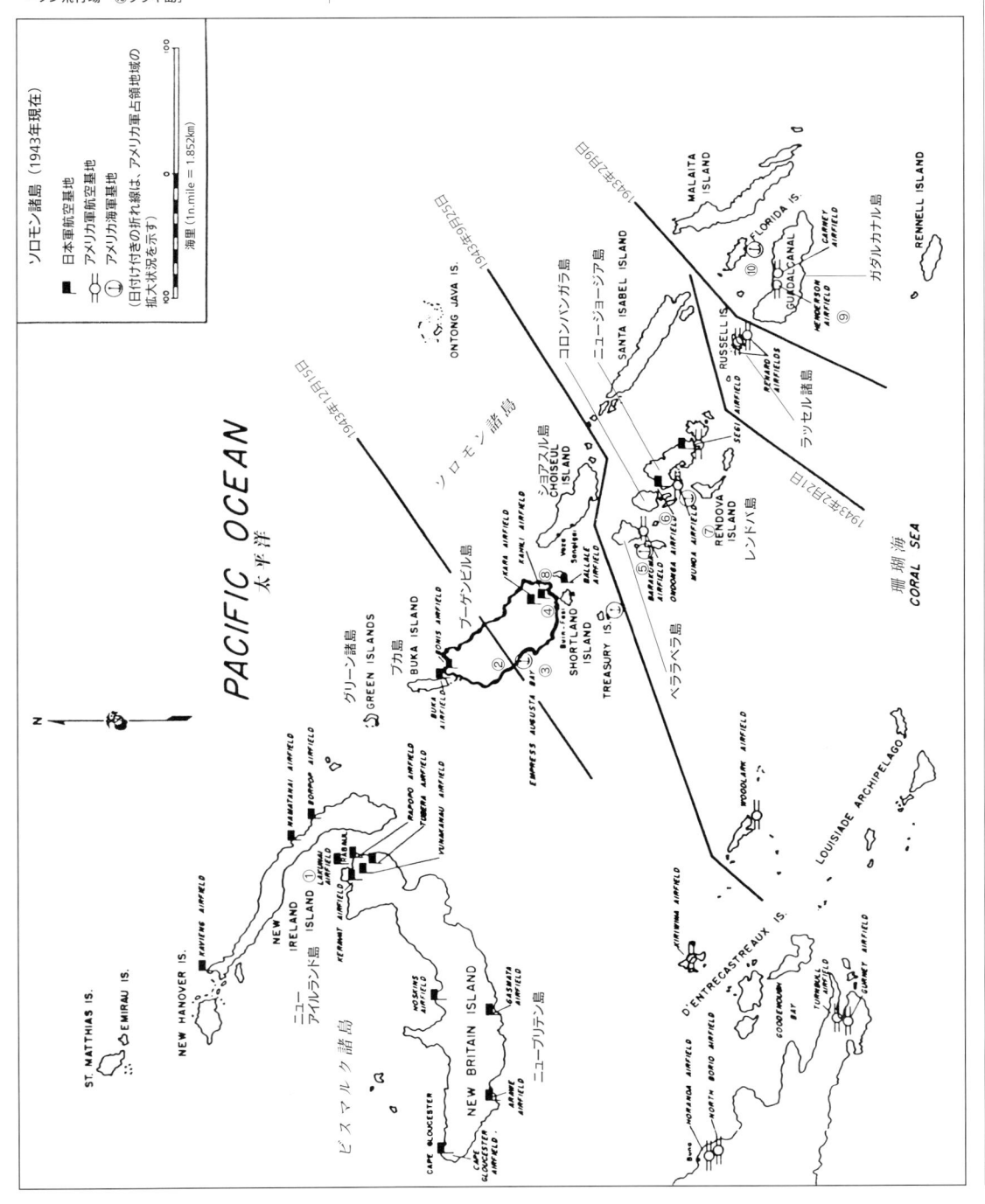

「我々のF4Uは、初期の改修項目の増加が原因で生産が遅れ、最初の機体を引き取ったのが1942年10月だった。24機のコルセアと29人のパイロットが全部揃うのを待って訓練が開始されたが、各人が20時間飛んだところで打ち切られ、その先は実戦で覚えればいいということで、早くも移動の準備に取りかかった。

20時間では射撃、高高度、夜間の各飛行訓練を1回消化するのがやっとだったが、前線からはいつくるのかと矢の催促で、到底ぐずぐずしていられない雰囲気だった。

「ガダルカナルにおけるF4Fワイルドキャットの奮戦ぶりは、すでに米軍内に轟きわたっていた。しかしF4Fではやれることに限界があると私には思えた。零戦を相手にすれば、往々にして猫に襲われたネズミみたいなことになるだろうし、爆撃機を護衛するには航続距離が足りない。当時太平洋方面に展開した航空機でこうしたF4Fの弱点を補えるのは、我々のコルセアと陸軍のP-38しかなかった。

「我々は全部のF4U-1をジープ・キャリアー[※2]『キティーホーク』に積み、人間は輸送船に乗って、1943年1月の最初の週に故国を離れた。ニューヘブリデス諸島のエスピリツサント島に着いて飛行機を受け取ったあと12日間待たされ、それからガダルカナルに移動した。到着したのは2月12日で、我々のコルセアはいつでも戦闘に突入できる状態に仕上がっていたから、着いた翌日の早朝、さっそく最初の任務に出発した。といっても戦闘ではなく、ソロモンにはじめてきたからにはまず環境に慣れろというわけで、海軍仕様のB-24つまりPB4Yに付き添われ、ソロモン諸島沿いに北西へ往復で550マイル（880km）飛んだ。最初の日が17機、2日目が残り半分の17機というふうに2組に分かれて同じコースを飛んだが、朝の出発が早いから昼前にはもう基地に帰ってくる。ああこれなら午後は休めるなと思ったらこれが大間違いで、すぐまた飛べと命令されてガッカリした。あとで聞いたら、朝出発する前に午後の任務がすでにきまっていたらしい。

「それで1時間だけ休憩して、すぐまた『ファイター・2』から離陸した。今度は一人前の任務で「ダンボ」のお守、すなわちPBYカタリナの護衛である[※3]。ガダルカナルの北西200マイル（320km）のコロンバンガラ島近くで2機のF4F-4が撃墜され、パラシュート降下したパイロットが2人とも沿岸監視員[※4]に救助され、ベララベラ島のサンドフライ湾に運ばれたという知らせがはいり、その収容が目的だった。結局この日はVMF-124のパイロットのうち12人が、延べ9時間飛んだ。

「我々がベララベラ島でピックアップしたパイロットは、F4Fで撃墜8機を記録したVMF-112のジェファーソン・ドブラン中尉と、VMF-121のジェイムズ・フェリトン軍曹だった。ドブランはこのあと帰国して議会名誉勲章を授与されたが、あとで聞いたらガダルカナルでは急降下爆撃が専門で、そのために5回も水浴び、つまり海に落ちて、6回目が今回のパラシュート降下だったという、ちょっと桁はずれの猛者だった。この2人を連れて帰る途中、PBYが偶然にもニュージョージア島南岸沖合を漂流中の陸軍の偵察型P-38

試験飛行中の原型機XF4U-1。この機体の試験結果をもとに、量産機に大幅な設計変更が加えられたが、中でもタンクの移動は影響が大きかった。この変更は、機銃を7.62mm×1プラス12.7mm×3から12.7mm×6（片翼3挺ずつ）に強化したことに端を発して、結局燃料タンクが主翼から追い出されて操縦席前方胴体内に移り、その結果操縦席が3フィート（92cm）も後退して前方視界が悪化した。後にその対策としてF4U-1Aから操縦席が6インチ（15cm）高くなったが、写真のXF4U-1は床も天井もまだ低い上にキャノピーがいわゆるバードケージ（鳥籠）タイプで窓枠が多く、視界の妨げになった。なおこの原型機には着艦用テールフックが装着されていなかった。
(via Phil Jarrett)

出撃準備中のケネス・ウォルシュ中尉。1936年3月に海軍航空訓練生となり、以後7年にわたる戦闘訓練で腕を磨いたウォルシュが、VMF-124の一員としてガダルカナルに赴いたのは26歳の時だった。ウォルシュはその後1943年4月1日の2機撃墜を手始めに記録を重ね、初のコルセアエースとなった。
(National Archaives via Pete Mersky)

のパイロットを発見してこれも拾い上げた。この日は1回だけ、零戦のいる大きな基地から50マイル（80km）のところをかすめて飛んだが、彼らが我々に気がついて出てきしはしないかとちょっぴりドキドキした。なにしろこっちは新米ばかりで、しかも低空を飛んでいたから、ヘマすれば全滅しかねないと思ったのだ。だが幸い何事もなく、全員無事基地へ帰りついた。

「私ははじめてソロモンにきた時、以前から名前を知っている場所を空から見られるものと思い、楽しみにしていた。ツラギ、サボ、ケープエスペランス、ラッセルなど、異国情緒たっぷりな名前を繰り返し聞かされて、実際に眺めて見ないことには気がすまなくなっていたのである。ところが『ダンボ』に付き合わされた翌日が、今度はB-24の護衛ときた。我々が『ザ・スロット』と呼んでいるソロモンの中央水道沿いに、ガダルカナルからブーゲンビルまで300マイル（4800km）北上するとブイン港があり、そこに停泊中の日本艦船を大型爆撃機が攻撃する、その護衛である。この調子で毎日きびしい任務が続くようでは、とてもじゃないが空からの観光は無理だと思い、いさぎよくあきらめることにした。

「さてその護衛だが、我々は4機を最小単位にして、それを集めて大きな編隊をつくる方法をとっていた。ソロモンにきた当初、私は前から3番目の4機グループのリーダーをつとめていたが、それがいつの間にか変わってしんがりの4機グループのリーダーになり、それがずいぶん長く続いた。この位置はグループの数が全部で4個の場合、先頭のグループのリーダーから1機ずつ数えてくると、ちょうど13番目にあたる。だから人によっては縁起をかついで嫌がるかもしれないが、私はそういうのは平気だったから、喜んでこの『13番』をつとめさせてもらった。

「そして運命の2月14日がやってきた。この日もB-24の護衛で、目的地は前回と同じくブーゲンビル島だったがブインではなく、すぐ近くのカヒリ飛行場だった。事前に日本の監視員が報告したらしく、飛行場上空には零戦が我々の到着を待ち構え、激しい戦闘になったが、結果は散々だった。私の隊から初の犠牲者が2名出て、その上B-24を2機、P-38を4機、P-40を2機も失い、誰が言い出したのか『聖バレンタインデーの大虐殺』[※5]として戦史に汚名を残すことになってしまった。本来の計画では翌日もカヒリを攻撃する予定だったが、これはさすがに中止になった。

「コルセアを実戦に持ち込んだ飛行隊は我々のVMF-124が最初であり、そのためコルセアで戦うにあたっていかなる戦法をとるべきか迷った。我々のあとからくる連中は、我々がやったことを土台にして、それに彼ら独自の工夫を上積みすればいいが、こちらはそうはいかない。手本がないのである。それでガダルカナルに着いてすぐ、ワイルドキャットの名手として評判の高いベテランパイロットのところへ、零戦と戦う秘訣を教わりに行った。すると彼は『ともか

1943年2月、実戦を目前に控えてガダルカナルで記念写真におさまるケン・ウォルシュの「第4編隊」の面々。左からウィリアム・ジョンストン・Jr中尉、ケン・ウォルシュ少尉、ディーン・レイモンド中尉、トロイ・シェルトン曹長。この4名でソロモン作戦中に日本機合計27機を撃墜したが、その内訳はジョンストンとレイモンドがそれぞれ2機、シェルトンが3機、ウォルシュが20機であった。バックに写っているF4U-1の番号「20」が小さくて読み取りにくいのはこのころの米軍機に共通の特徴で、その後胴体後方に位置が移り、より大きな白色の数字で表示されるようになった。(Walsh Collection)

く相手のうしろにつくこと、それが大事なんだ』と繰り返すだけで、あとは何もいわない。これは納得できなかった。ほかにも大事なことがあるはずなのだ。
「私は実戦を体験するようになってすぐ、高度こそがすべてにまさる重要な要因だと気づいた。それは最初に相手より高い位置をとった者が戦いの主導権を握るということで、この鉄則はたとえ零戦といえども破ることはできないのだった。F4Uは、低速時の運動性と、同じく低速時の上昇率ではかなわなかったが、それ以外のあらゆる点で零戦より上だった。だから零戦と戦う時は、速度を落とすのは絶対に禁物だった。この教訓を学びとるのに多少時間を必要としたが、いったんわかってしまえば実行は容易で、しかも結果はびっくりするほど効果的だった。そして自分が次第にソロモン海域の地勢にも慣れ、また自分の実力にも自信が湧いてくると、最初のころあれだけ警戒していた零戦が逆に絶好の獲物に見えることがままあって、我ながら驚いたものだった。今にして思えば、それこそは私が零戦の反応の仕方を知り、効果的な攻撃方法を身につけた証拠だったのである。

「私は海兵隊では古株のほうで、戦闘機に7年乗っていたから、はばかりながら射撃の仕方とMk8照準器の使い方については絶対の自信があった。機銃の弾道は、私の場合標準通りに、1000フィート（305m）先で収束するように調整してもらう。距離は、照準器を覗いた時に画面に見える『ミルの同心円』を使って判断する。1000フィート先にある幅1フィート（31㎝）の物体が、画面上で1ミルの円の中にちょうどおさまる勘定だから、もし（全幅が40フィートの）零戦の映像が40ミルの輪の中にぴたっとおさまれば、それが距離が1000フィートになったという証拠だ。コルセアは携行弾数400発の機銃を6挺そなえ、銃弾は普通焼夷弾1，曳光弾1，徹甲弾1の割合で混合して装填する。発射速度は1挺あたり毎分800発で、したがって2秒引き金を引けば、合計160発の弾丸が発射される。零戦は日本機によくあるタイプで、操縦士の背後の防弾板と自動漏れ止めタンクを欠き、それ故命中すれば操縦士が傷つくのはもちろんのこと、アルミの機体はすぐに炎に包まれ、各所に使われているマグネシウムの部品が火に油を注ぐかたちで一緒に燃える。だいたい30発から40発命中すればそれで終わりだ。

「さきほど速度を落としてはならないといったが、じつは私自身低速で零戦と一対一で絡みあったことが何回かあり、今思い出しても冷や汗が出るが、よく生きて帰れたと思う。私の全撃墜記録21機のうち17機が零戦だが、こっちもコルセアを5機つぶした。撃墜されたのが3回、辛うじて帰ってきて胴体着陸で大破させたのが2回だ。敵につかまって射ちまくられたことが全部数えると12回ほどあり、だいたいは修理して直る程度の被害ですんだが、最後まで相手の姿が見えなかった時は別で、こういうのが危ない。撃墜されたり撃墜寸前までいくのは、だいたいそういう時だ。ということは裏を返せば、私が撃墜した相手のほとんどが、私のことをまったく見ないまま墜落していったということだろう。

ケン・ウォルシュが、何機かあった彼専用の「No 13」に乗り込んだところ。1943年9月1日の撮影。彼はこのBuNo 02189を特に好んで使ったといわれるが、最初の長期休暇で不在中に、VMF-213のパイロットが事故でこわしてしまった。当時の規則では、自分に割り当てられた機体が何らかの都合で飛行不能な時は、なんでもいいから使えそうな別の機体を探して、それで飛んでいいことになっていたのである。写真の機体の右舷側主脚収納ドアに「Captain」（大尉）の文字が見えるが、ウォルシュはこの時はまだ中尉だった（大尉に昇進したのは名誉勲章を授与された日、すなわち1944年2月8日である）。また主翼にペンキで偽のガンポートが描いてあるが、これは敵にコルセアの機銃の数について誤った認識を持たせようと、VMF-124の火器担当整備員が大まじめで考案したトリックである。同飛行隊の整備員がしばしば仕事を手伝ったVMF-213の一部の機体にも、この手の偽の銃口が見られる。（USMC）

「我々のあとソロモンにやってきたよその隊の連中には、私のこういった経験を洩れなく話して聞かせた。なにごとも経験だから自分で覚えさせろ、という割り切り方もあるだろうが、私はとにかく彼らに話しておくべきことは全部話したから、かつて私が失望したF4Fパイロットの『とにかくうしろにつけ、それだけだ』と違って、大いに参考になったはずである。

「ソロモンではコルセア飛行隊の数が1943年の7月から8月にかけて急増し、総計8個を数えるまでになった。初回の前線勤務は正味7カ月間続き（最初の出撃が2月12日で最後が9月7日だった）、その間に全員で敵68機を撃墜したが、こちらも戦闘と事故で合計38機のコルセアを失った。死亡したパイロットは11人で、撃墜されたのが3人、事故で亡くなったのが4人だ。隊長のガイス少佐も1943年5月14日の空戦で戦死した。

「私は1943年4月1日にはじめて日本機を撃墜した。当日はまずヘンダーソン基地の北50マイル（80km）のラッセル諸島を経由して、そのまた北の小さな島、バロクまで飛んだ。バロクを目標に選んだのは航法上の目印にうってつけだからで、それで我々はそこを戦闘哨戒飛行のスタート兼ゴール地点にしていた［※6］。約2時間の哨戒ののち我々と交代するP-38の編隊が予定通り到着して、やれやれと肩の荷をおろして編隊の7機を引き連れ、ガダルカナルの方向へと向かった。P-38は我々とすれ違いながら上昇していったが、それから1分とたたないうちに、零戦の編隊がP-38に向かって突っ込んできた。完全な不意打ちである。レーダーによる警告もなく、沿岸監視員からの知らせもなしに突然現れたということは、ソロモンの島々にかかる雲の南側をはるかに迂回して、その陰からいきなり飛び込んできたに相違なかった。P-38同士の気ぜわしい無線通話から、彼らが押され気味なことがわかったので、編隊僚機に戦闘態勢をとるよう指示しながら左の肩越しにP-38の方向を振り返ったら、全機が防御円陣を組んで旋回しているではないか。これには驚きかつ失望した。ちなみに私が指示した戦闘態勢とは、機銃の元スイッチがオンになっているか、また燃料の切り替えレバーが『メイン』になっているかを確認せよという意味だった。燃料はメインタンクを使い切ってからレバーを『リザーブ』に切り替えれば、それで充分ガダルカナルに戻れるので、かならず事前に『メイン』にしておいて、あとは残量を気にせずに戦闘を続け、メインが切れたらそこでやめればいいのだった［※7］。

「我々が応援に駆けつけた時はもう

ムンダ飛行場［米軍は「ムンダ・ポイント（岬）飛行場」と呼んだらしい］攻撃から帰投したF4U-1に12.7mm機銃弾を装填する整備員。1943年6月撮影。F4Uはコルト・ブローニングM2機関銃を6挺装備し、内側の4挺に各400発、外側の2挺に各375発、合計2350発の弾丸を携行できた。（USMC）

本文でウォルシュが言及している1943年8月15日の空戦で、ウォルシュが乗った機体が日本機の銃弾を大量に浴びて使用不能となり、ムンダのスクラップヤードに捨てられてスペアパーツ供給源に成り果てた姿。ウォルシュが在籍したVMF-124は、ムンダとベララベラでは各機体をパイロットに割り当てずに、共同使用のプール制を採用していたから、この機体の「114」のナンバーも特に「誰々さんのもの」という意味はなく、以前これを使っていた別の隊がつけた番号の名残に過ぎないと思われる。（Walsh Collection）

円陣が崩れ、零戦とP-38が入り乱れて大乱闘の真っ最中で、我々がきたことなど誰も気がつきそうもない修羅場と化していた。すると上昇しながら現場に接近する私の眼前を、不意に零戦が1機、急降下しながら通過した。真新しいピカピカに磨かれた機体で、美しく魅力的な姿だったが、次の瞬間それが憎むべき敵であることを思い出し、最大見越し角で連射を浴びせた。だが充分とったつもりの角度が足りなかったのか、命中した様子がない。しかし私にぴったりついていたウイングマンのレイモンド中尉が発砲すると、旋回の内側にいたのが幸いして適正な見越し角がとれたために見事に命中し、相手は燃えながら落ちていった。次にふたたびレイモンドとともに12時方向の頭上にいた零戦を狙うと今度は私の射撃が命中し、相手はまさに私の機影をまったく見ることなく、燃えながら墜落した。

「8月14日の夕刻、VMF-124はニュージョージア島のムンダ飛行場に進出した。翌15日は敵と3回接触したあと、5機のコルセアとともに、ベララベラ島上陸作戦実施中のアメリカ軍を狙う敵急降下爆撃機の迎撃に向かった。島の上空を警戒しながら飛んでいると、作戦支援中の駆逐艦の戦闘機レーダー管制官が『レッドワン編隊、北西方向から敵機接近中、敵は大編隊の模様』と知らせてきたので、『了解、ムンダに大至急応援をよこすよう要請してくれ』と答えた。ところが敵襲にそなえて高度をとろうとした矢先に、私のコルセアの酸素がなくなりかけているのに気づいた。酸素なしでは危険で高く上がれない。仕方がないからウイングマンとともに低空にとどまる決心をして、編隊2番手のワーリー・シグラー大尉(撃墜5.333機)に、私の代わりに編隊を引き連れて高度を上げ、上空を警戒するよう依頼した。やがて九九艦爆と護衛の零戦が現れたところを見計らって、零戦が私に迫ってくる前に艦爆の下に潜り込んで2機を撃墜した。しかしその直後に零戦の機関砲弾を浴び、右側の翼端タンクに命中した砲弾が破裂したのが見えたが、幸い火災にならず、翼も折れずにすんだ。

「執拗に射撃してくる零戦から逃げるために右へ急旋回して360度ロールを打ったが、その動作が終わらないうちに雲に突入したため、空間識失調に陥ってしまった。当時はまだジャイロを利用した人工水平儀などない時代で、原始的な旋回傾斜計だけを頼りに必死で水平飛行に戻そうとしたが、400ノット(740km/h)近い猛烈なスピードでのたうち回るだけで、何がなんだかさっぱりわからない。やっと雲から出たら、背面飛行から急降下に移る途中で、すぐ下に休火山の火口がはっきり見え、機体をざっと点検したらエルロンが1枚なかった。その姿勢からやっとのことで今度こそほんとうの水平飛行に戻し、ムンダに帰ったが、我がコルセアは損傷がひどいためにスクラップときまり、部品の供給源に成り果ててしまった。大きな被害としては主翼に命中した20mm砲弾による油圧配管の切断と、主桁に開いた大きな穴だけだったが、操業を開始したばかり

前頁の「114」の弾痕のクローズアップ。零戦の20mm機関砲弾が1発、右側主翼の上面を貫いて翼端燃料タンク内で破裂し、その破片が主翼下面と前縁を破って外へ抜けたためこうなった。ウォルシュは帰還後に機体の被害状況を見て驚き、よくも機体がバラバラにならずに帰ってこれたと感慨しきりだったという。(Walsh Collection)

ムンダの滑走路横に並んだ零戦とコルセアの残骸。VMF-124は1943年8月14日にムンダに進出し、そこからベララベラ島を攻撃した。当時の隊長ウィリアム・ミリントン少佐は、1945年3月に同隊を去った。(Walsh Collection)

1943年8月、熱帯地方特有のスコールで水浸しになった滑走路を、しぶきを上げて滑走するVMF-124のNo 4「My Bonnie（マイ・ボニー）」。フィンもウォルシュも、自分の隊の機体にどんな名前がついていたか、まったく思い出せないと白状しているが、VMF-124が頻繁にVMF-213のコルセアを借り、またその反対もあったから、ごちゃごちゃでわからなくなるのも当然だった。写真の機体も、もとはVMF-213所属だったと推定される。主翼の片側4個のガンポートのうちの1個は、もちろんペンキで描いた偽ものである。
（National Archaives via Pete Mersky）

のムンダには相応の修理設備がなく、主翼の交換ができなかったのである。この日は数の上では6対1と圧倒的に不利だったにもかかわらず、最初の撃墜が功を奏して敵艦爆が一斉に引き返し、結果的には大成功だった。

「8月下旬に、VMF-124は再び懐かしのガダルカナルに戻った。すでにコルセアだけで8個戦闘飛行隊が勢揃いし、陸軍のP-38とP-40もけっこう数が増えて、『カクタス航空隊』は防衛と攻撃の両面で華々しく活躍中だった。8月30日に爆撃機の護衛を命じられ、ガダルカナルを出発後ラッセル島に立ちよって燃料を補給したところ、それから私のコルセアの過給機がおかしくなり、やむなく編隊を離れて単独でムンダに寄り道した。幸いムンダ駐在のVMF-215がF4U-1を提供してくれたのでそれに乗り換え、高度を上げながら目指すカヒリに近づくと、前方に私が護衛するはずのB-24の編隊が見えてきた。すでにそのまわりには約50機の零戦が群がり、眼下には撃墜されたB-24が1機、地面に激突する姿がチラッと見えた。気の毒だがあれでは生存者は皆無だなと思いつつ、零戦の集団目がけて降下して攻撃をかけると、あまり高度を下げることなく短時間で2機を撃墜できた。戦いの途中ですでに爆撃を終えて帰途についた何機かのB-24が、バガ島付近を低空飛行しながら助けを求める声が聞こえたが、どうしようもない。そのうち飛行場の真上で2機の零戦に襲われ、防戦しているうちにいつの間にか4機の零戦に囲まれてどっちの方向にも逃げられなくなり、まさに袋だたきで、徹底的に撃たれた。もう高度を下げ、勢いをつけて逃げるしか手がなかった。ほんとうは飛び降りたかったが、高度を下げたからそれもできず、海面すれすれを飛んでいるうちにやっと零戦の姿が消えた。そうなると欲が出てムンダに行きたくなったが、やはりエンジンがもちそうもないので、ベララベラ島に近づいたところで思いきって海面に不時着した。すぐ島からヒギンスボート[※8]が出てきて私を拾い上げてくれた。

VMF-124の「D編隊」の面々。後列左がハワード・フィン中尉（撃墜16機）、右がマーヴィン・テイラー中尉（撃墜1.5機）、前列左が編隊長のウィリアム・クロス大尉（撃墜7機）、その右がトム・マッツ中尉（撃墜3機）。本文でウォルシュが述べている、2月14日のVMF-124にとってはじめての空戦にはフィンも参加して、編隊から離れた零戦1機を追跡中に複数の零戦に襲われ、近くのB-24の下に逃げ込んで危うく難を逃れた。インタビューでフィンは著者に「あの大きいやつがいなかったら、今ごろ私は御陀仏でしたね」と語っている。（Finn collection）

「私はいつもジョンストン中尉、レイモンド中尉、シェルトン軍曹の3人と編隊を組んだ。ジョンストンは私の忠実なるウイングマンで、どんな激

13

戦の時も私のそばを離れずについてきてくれた。編隊の中では私の撃墜記録がいちばん多かったが、それは私がリーダーだったからで、リーダーは常に敵に最も近い位置を占める関係で最初に射撃できるのである。ジョンストンは4月1日に零戦につかまって火災を起こして墜落した。本人がベイルアウトしてパラシュート降下するところを私が目撃したが、その時はそれが彼だということまではわからなかった。彼はそのまま無事海面に降りて翌日基地に帰ってきたが、3マイル（5km）泳いだそうで、その間に太陽に背中を焼かれてひどく痛がっていた。私と一緒に飛ぶようになったのはそのあとだが、とにかくジョンストンはウイングマンとしては最高で、私は何度彼に命を救ってもらったかわからない。その意味ではいくら感謝しても足りないと思っている。

「8月12日に爆撃機を護衛した時は、私のうしろについた零戦を、彼が射撃して追い払ってくれた。あとで聞いたら、最初見越し角をとってその零戦を狙ったら、ちょうどそこに私がいたので、こわくなって射撃できなかったという。その時は私のコルセアに零戦の20mm機関砲弾が7発、7.7mm機銃弾が37発も命中して墜落寸前の状態になり、火災が起きてコクピットが煙で一杯になった。こんな場所で墜落したら絶対日本の捕虜になると思って、『神様、ここで墜落は勘弁して下さい、お願いです！』と大声で叫んだのを覚えている。でももう最後だと思ってキャノピーをうしろにずらしたら、まだ300ノット（555km/h）以上出ていたので、新鮮な空気がどっと入ってきてうまい具合に炎と煙を吹き消してくれた。それで少々卑怯だとは思ったがB-24を見つけてその下にかくれ、ニュージョージア島セギの緊急着陸用滑走路に近づいた時になんとか足を出すのに成功し、ドシンと乱暴に着地したまではよかったが、そこに止まっていた別のF4U-1にモロに突っ込んでしまった」

　ウォルシュに続いてVMF-124ではハワード・フィン中尉もエースになった。次に彼の話を聞くことにしよう。

「私の日本機撃墜記録は、1943年6月10日の一式陸攻にはじまる。この時はまぐれというか幸運というか、ちょうど私が狙える位置に、ぴったりのタイミングで相手が勝手に飛び込んできた感じだった。この日一式陸攻ベティに遭遇することになったのは、最初味方の輸送船が夜間に雷撃されて速力が数ノットに落ち、それでもなんとか走り続けていたら今度は敵爆撃機が3機、チョイスル島東側の外海をこちらへ向かって飛行中と沿岸監視員が知らせてきたのが発端だった。それですぐ我々が飛び立ち、戦闘機レーダー管制官の指示に従って100マイル（160km）ほど飛んでから定常旋回に切り替え、待ち伏せにはいった。1周目が終わる寸前に遠くに点が3個見えたので、翼を振ってアール・クロー大尉（撃墜7機）の注意をひき、敵の方向を指すと、大尉がわかったとうなずくのが見えた。そして結局私が1機を、ほかのメンバーが残り2機を撃墜して雷撃された船は攻撃を免れ、その日の任務は大成功に終わった。船はすぐに曳航されてツラギの湾に入り、貴重な積み荷は無事に陸揚げされた。

「私の2機目の撃墜は、いささか後味の悪いものだった。それは私自身にそう感じる特別な理由があったからではなく、誰だって同じ経験をすれば同じように感じたと思う。あれは6月16日だった。日本機の大群がガダルカナルを襲い、こちらはおよそ飛べる飛行機は残らず飛び上がって応戦した。我々は

たまたま編隊で戦闘哨戒飛行中で、それが終わりかけたところへ無線で命令が届き、私とアール・クロウとトム・マッツの3名がツラギの湾を警戒するため編隊を離れた。やがてクロウが敵機を発見して『海上低空に不明機』と報告すると、折り返しレーダー管制官から『侵入を阻止せよ』と指示が届いたのでその方向に海面近くまで降下すると、まず零戦2機に追いついた。そのまま背後に迫って私が1機を撃墜し、勢いに乗って前方にいた九九艦爆に迫っていくと、後部座席の射手が私目がけて撃ってくる。でも九九艦爆は固定脚で気の毒なくらいスピードが遅く、その機銃たるやブローニングの強大な破壊力にくらべればおもちゃみたいなものだったから、私は真うしろに滑り込んでゆっくり狙いをつけ、一撃で簡単に撃ち落とした。これはもう戦いというより、相手にとっては微塵も勝ち目のない一方的な殺戮で、それで私はすっかり罪悪感にとらわれてしまった。私が教わった飛行訓練の教官はいつも口癖のように『あいつらは背も低いし肝っ玉も小さい野暮な東洋人さ』と悪口をいっていたが、日本人が優秀なパイロットであることは間違いない事実で私は尊敬していたから、できればこんな結末になってほしくなかったというのが本音だ。

「それにしても我々がソロモンへきて間も無いころは、日本のパイロットには優秀なやつが多かった。しかもそれが、零戦に限ったわけではなかったのである。零戦の見事な旋回にはいつも驚かされたものだが、いつだったか九九艦爆が旋回してこっちに向かってきたことがあった。幸い相手がスピードが出ないのにつけこんで内側に回り込み撃墜したが、こちらは意表をつかれて仰天した。私の記憶では、腕の立つ日本のパイロットにしょっちゅう出会ったのは1943年2月までで、それ以後我々が接する敵パイロットの技量は、上手なやつが次々に死んでいったせいか、落ちるばかりだった。敵がどのくらいの腕をもっているかは、その操縦を注意して見ていればすぐわかるのである。最初のころ出会った連中はループとロールを同時にこなし、すべての動作が歯切れよく決然として、本人が自分の腕前を充分承知し、しかもそれを誇りに思っていることが手に取るようわかった。ところが私が初回の勤務を終えて前線を離れた10月ごろには、そういう見事な動きを見せる零戦はもうどこにもいなかった。それは日本が優秀なパイロットを失ったことと、その補充ができずにいることを示す、二重の証拠だった。そして結局日本はこの状況から抜け出せないまま、最後の敗戦を迎えたのだ」

訳注
※1：日本とアメリカは飛行場建設に適したガダルカナル島と、それに隣接する艦船の投錨に適したツラギ島の2目標を偶然ほぼ同時期に選び、日本がひと足先に進出したが、遅れてきた強力なアメリカ軍により無力化され、その後3万人規模の陸軍部隊をガダルカナル島に送り込んで飛行場奪回をはかったが失敗し、2万人の死者を出して1943年2月同島を撤退した。
※2：公式名は護衛空母だが、もともと大西洋のUボートに対抗するため急遽建造された商船改造の小型空母で、その後大増産されて機動部隊にも配備されたが、広大でフェリーが不可能な太平洋で航空機の輸送に活躍したためこのニックネームがついたと思われる。米国では「ベイビーフラットトップ」のほうが一般的。英国では10セントストアで産をなした米人実業家の名をとって、少々トゲのある「ウルワース・キャリアー」という呼び方をする。
※3：「ダンボ」はもとは海上に不時着あるいは降下したパイロットの、救助チームの暗号名だった。それ故特定の機材を指すわけではなく、時と場合によりカタリナのこともあれば潜水艦のこともあった。戦争末期に出現した、胴体下に投下式救命ボートを吊ったSB-29「スーパーダンボ」は有名。
※4：連合軍側は軍人よりも現地人を含む民間人が多かったといわれる。
※5：禁酒法の時代に、シカゴギャングの勢力争いがもとで聖バレンタインデーに7人が機関銃で虐殺された故事にちなむ。
※6：CAP＝Combat Air Patrolはあくまでも制空権確保が目的で、そのため敵あるいは侵入者は発見次第攻撃して撃滅する点が普通の哨戒と異なる。
※7：ここでいう「リザーブ」は主翼端にビルトインされたフェリー用のウイングタンクではなく、全容量892リッターのメインタンクの底の部分の190リッターを指す。
※8：船首にランプドアをそなえた上陸用舟艇。

chapter 2
後続のF4U、続々と到着
more F4Us arrive

F4Uの生産が軌道に乗るにつれて、機種転換を終えた海兵隊の戦闘飛行隊が続々とソロモンへ移動し、またすでに前線で活躍中だったF4Fワイルドキャット飛行隊は、現地でF4Uを受領して機種転換を果たした。1943年冒頭にはじめてソロモンに姿を見せたVMF-124に続いて VMF-213、-121、-112、-221、-122、-214 が到着し、最後にVMF-123が1943年6月上旬に現地で転換を終えると、ソロモンの海兵隊戦闘飛行隊は完全にコルセア一色になった。それ以後各飛行隊とも無数の戦闘を繰り返しながら多数の日本機を撃墜、撃破して、数多くのエースを輩出することになるが、その中でブリット少佐率いるVMF-213だけは、3月2日にワイルドキャットとともにエスピリツサントに到着して、そこでF4Uに機種転換するという、よその飛行隊とはまったく違う経過をたどることになった。同飛行隊で3番目にエースになり、ソロモン戦域で最終的に12.5機撃墜の戦果をあげたジェイムズ・カップ大尉は、当時の状況を次のように語った。

「我々はチャンス・ヴォートの新型戦闘機に乗れると聞いて有頂天になったが、現実はそんな甘いものではなかった。まず到着早々、我々より前にガダルカナルに展開したのがコルセア1個飛行隊だけで、そのためスペアパーツがろくに揃っていないとことを発見した。太平洋のどこかに部品倉庫があれば別だが、そんなもののあろうはずがなく、遙々アメリカ本国から送られてくるのを待つしかないのである。それでせっかく現地で慣熟訓練用にもらい受けた3機のコルセアは、すぐに部品待ちの状態になって飛べなくなった。我々は元々F4F飛行隊だったから、F4Fの完成機と一緒に山のようなスペアパーツを抱えて遙々エスピリツサントまでやってきたのだが、まだ陸揚げもしないうちに機種転換の命令が届いて、飛行機もパーツも一夜にして無用の長物と化したのだった。F4FとF4Uでは共通部品などこれっぽっちもなくて、エンジン始動用のカートリッジひとつでさえまったく別物だから、せっかく担いできたF4Uのパーツは何の役にも立たなくなり、全部捨てるしかなかった。

「そのうちにガダルカナルから、VMF-124のハートソック、クーン両中尉がエスピリツサントまでわざわざ出向いてきて、コルセアで戦うコツを教えてくれ、その上激励までしてくれた。それで我々も頑張って、夜遅くまで石油ランプのもとで取扱

1943年3月29日、護衛空母コバヒーの甲板でカタパルト発進準備中のVMF-213のF4U-1。ジェイムズ・カップ大尉は、この時の経験を次のように語っている。
「我々はニューカレドニア島に到着後、本国から小型空母で続々運ばれてきた我々のコルセアが、長旅のあとの整備もされぬまま空母上に放置されていることを知り、そのわけをいぶかったが、それにはちゃんと理由があった。なんとも驚いたことに、その空母からカタパルトを使って発進し、島まで飛んでこいというのである。当時カタパルトは、一部の小型空母にだけ採用された最新の装置で、もちろん我々はまったく経験がなく、それで打ち出されたコルセアがどんな挙動を示すのか全然知らなかった。だがそうきまった以上仕方ないから空母に乗り込み、全機を自分たちで整備して、カタパルト発進にそなえて船の木工係につくってもらった木製のヘッドレストを取りつけた。結局1機がエンジン不調で艦首から海に落ちたが、あとの全機は無事陸地にたどりつくことができた」
(National Archaives)

い説明書を読むなどして努力を重ね、これなら新鋭戦闘機をうまく乗りこなせるぞと、いっぱしの自信を抱くまでになった。

「こうして戦う準備ができたところで、基地司令官からニューカレドニア島に出向いて飛行機を受け取るよう指示された。ところが小型空母で運ばれてきた我々のコルセアはまだ海上にあり、それを船ごと港に運ぶのではなく、海上で自力で飛び立って飛行場まで飛んでこいというのだ。そういわれても長旅のあとすぐには飛べないから、まずは空母上で懸命に整備してそれから飛び上がり、ニューカレドニア島のトンツータ飛行場まで飛んだ。やれやれ一段落と思ったら一難去ってまた一難、トンツータの整備員がコルセアのことをまるっきり知らない。1週間押したり引いたり悪戦苦闘したが全然埒があかず、遂にトンツータで整備するのをあきらめて、空母から運んだ28機のうち6機を選んで船でエスピリツサント島へ運び、その陸揚げを2時間ですませてすぐまた同じ船でガダルカナルへ向かった。6機のコルセアとともにそのパイロットを島に置き去りにしたが、彼らの口惜しがりようといったらなかった。それもそのはず、戦場を目前にしてお預けをくって、誰が納得するだろうか。

「1943年4月1日にガダルカナルに到着すると、最初にヘンダーソン飛行場横の滑走路『ファイターストリップ・1』を使うよう指示された。我々が飛行機なしの丸腰で到着したため、VMF-124の応援という名目で彼らのF4Uを使っていいことになったが、整備員が優秀なせいかいずれもかなりの年期ものなのに程度がよく、安心して乗れた。結局14機のF4Uが我々にあてがわれ、何とかやりくりして毎日8機までは飛ばすことができた。

「我々の戦いは、まずソロモン全体の地勢と個々の島のありかを頭に叩き込むことからはじまった。これは単に地理に精通する以上の意味があり、不時着する事態になったら日本兵のいる場所からできるだけ遠くをえらび、また不時着後にどっちに向かって歩いたら日本兵のパトロールに発見されずにすむか、判断できるようになることが究極の目標だった。当時はまだガダルカナルから北のどの島にも日本兵がいたのである。ただしそれはほんの少数で、海岸沿いのところどころに潜んでいるだけといわれていた。

「ガダルカナル島とブーゲンビル島の間に横たわる、両側をソロモンの島々に囲まれた長さ350マイル(560km)、幅70マイル(110km)の細長い水域を、我々は『スロット』と呼んでいた。このスロットの南端にある大きな島がガダルカナルで、そこにヘンダーソン飛行場と、それに隣接す

F4U-1のNo.7「DAPHNE C（ダフニ・C）」、BuNo 02350の主翼の上に立つカップ大尉。1943年7月15日にこの機体で一挙に2機（一式陸攻と九九艦爆）を撃墜して初記録をつくった。胴体側面に3個の撃墜マークが見えるが、カップは2回目の7月17日にBuNo 02580でこれまた1日で2.5機（零戦）を撃墜しているから、これが彼のために描かれたものでないことは明白だ。操縦席の横に薄く見える「13」の番号が、これがかつてケン・ウォルシュが初回前線勤務で乗っていた機体であることを物語っている。
(Cupp Collection)

米陸軍航空軍第307爆撃航空群第424爆撃飛行隊所属のB-24の機銃射手、ボブ・ランディ撮影のF4U-1。この角度から捉えた写真は非常に珍しい。国籍マーク前方の白の「13」、キャノピー下の2個の撃墜マーク、判読不能なカウリングに描いた3文字の機名などから判断して、どちらと特定はできないが、カップかウォルシュが操縦していたのは間違いない。
(Cupp Collection)

る2本の戦闘機専用滑走路があった。ヘンダーソンから北へ70マイル（110km）いくと小さく散らばったラッセル諸島があり、ここにも米軍は複数の滑走路を建設した。その北隣にはレンドバ島を含むニュージョージア諸島があり、我々がのちに進出したムンダ飛行場は、このニュージョージア諸島の中にあった。そこから北には爆撃機用のベラ飛行場を持つコロンバンガラ島、ベララベラ島、ショートランド島、ブーゲンビル島が順に並んでいる。

「以上がスロットの南側に並ぶ島で、スロットの北側にはいちばん下にフロリダ島があり、それに抱かれたようなかたちでツラギ島と通称ツラギ港がある。そのすぐ北がサンタイザベル島で、そのまた北がほとんどブーゲンビルまで届きそうな細長いショアスル島だ。ショアスルは大きな島だが飛行場がなく、地上部隊しかいない。ショアスルの北隣、スロットの北のどん詰まりにあるのがソロモン最大の島ブーゲンビルだが、ここは戦術的に重要な島で、なんで重要かというと、日本軍のカヒリ飛行場とそれに隣接する湾があり、ブーゲンビル沿いに南下してきた日本の船が、ここで物資の荷揚げをするのである。この湾の中ほどのバラレ島にも、小さいながら立派な戦闘機用の滑走路がある。

「我々は何カ月にもわたって隊長のブリット少佐から空戦の戦術の手ほどきを受けたが、彼が教えた戦術それ自体はほかの飛行隊と内容が同じで、特に違いがなかった。しかし各隊が実践段階で独自の味付けを行なった結果、それぞれの行動パターンに微妙な差が生まれた。その差は主として編隊を組んで飛ぶ時のたがいの連携の取り方、つまりリーダーが自分の編隊をどう統率するかに現れたといっていいだろう。VMF-213は、ソロモンに展開した飛行隊の中で、過去に隊全員が一体となって訓練を積んだ時間が最も長く、その影響が空戦における結束の固さとなって現れた点に特徴があり、それが結果として隊全体の好成績にもつながったと私は信じている。

「2機がまとまって行動する場合、2人のパイロットはたがいに心を読み取って、相手がいかなる場合にいかなる行動に出るか、予測できるようでなければいけない。ウイングマンは密集編隊を組んでいる時も、嵐の夜に基地へ帰る時も、絶対的にリーダーを信じてついていかなければならない。計器を見るのはリーダーだけで、次の高い山がいつ行く手を遮るか、目指す飛行場がいつ視野にはいるか、知っているのもリーダーだけだ。ウイングマンは自分自身よりも、リーダーにより厚い信頼を置かなければならないのだ。このままリーダーについていったら最悪の事態になると心配して離脱するようなウイン

ソロモン滞在中の「普段着」でF4U-1、No 7「DAPHNE C」のプロペラハブの上に立つジム・カップ。「DAPHNE」はカップ夫人の名をとったもの。写真ではほやけているが、この機体もカウリングのプロペラ中心軸高さの前縁に、かつての機番「13」の名残がうっすらと見える。この写真を撮影したあと7月17日にカップは二度目の撃墜を記録し［通算で4.5機目］、それを記念してこの機体に4コの撃墜マークが記入された。ただし17日に彼が乗っていたのはこの機体ではなく、F4U-1 BuNo 02580だったというから、いささかややこしい。（Cupp Collection）

これもF4U-1のNo 15「DAPHNE C」、BuNo 03829に跨がったジム・カップ。カップはこの機体で1943年9月11日に5機目（飛燕）と6機目（零戦）の撃墜を果たし、その翌日同じくこの機体でカヒリ飛行場を機銃掃射して、地上の航空機10機と2隻の艀を破壊している。カップが通算12機を撃墜したあと、BuNo 03803のF4U-1に乗って13機目に挑んだが失敗、逆に撃墜されたのは本文にある通り。
（Cupp Collection）

グマンは、長くは生きられず、またいずれは所属する戦闘飛行隊にとって無用の人間となることを覚悟すべきである。そしてこのことは同時にリーダーが、時々刻々の自分の動作に全責任をもたなければならないことを意味するのである。

「VF－213は隊員数が30名で、通常は8人構成の編隊を3個揃え、余ったパイロットは各編隊に分配して補充要員とした。1個の編隊には4人構成の小隊（ディヴィジョン）が2個含まれていたが、小隊ごとに息の合ったメンバーを集めてあったのと、飛行機の数がいつも不足気味だったため、ひとつの任務はひとつの小隊だけでこなすのが通例だった。もちろん2個小隊がまとまって同じ任務に飛び立つこともあったし、のちに任務が増え飛行機も増えてからは、ひとつの任務に3個小隊がまとまって出撃したこともあった。しかしそれが限度で、隊からいっぺんに4個小隊すなわち16機ものコルセアが出撃したことは一度もなかった。何故かというと、たしかにコルセアのほうは数がどんどん増えて、16機揃えるのも不可能ではなくなったが、パイロット不足のほうは解決せずにそのまま続いたからだった。

「小隊だけでまとまって飛ぶ時は、普通各機が上下に少しずつずれた階段状の隊形をとる。小隊は2機構成の分隊（セクション）2個から成り、小隊のリーダー（それはまた先頭の分隊のリーダーでもある）のウイングマンは、リーダーの後方やや下の右を飛ぶ。うしろの分隊の位置は、先頭のリーダーの左側後方になる。方向の指示は、通常は手を使って目視で伝達する。しかし編隊全部すなわち8機がまとまって飛ぶ時は、小隊間の間隔をやや大きめにとるのが普通なので目視が不可能となり、方向指示はすべて無線で伝達される。

「こういった位置関係だけでなく、自分の位置で演ずべき役割まできっちり枠にはめられるのが爆撃機を護衛する時だ。護衛機は、爆撃機編隊の上か下を飛ぶことになるが、その中でまた役割がいくつかに分かれる。そしてそのどれにも共通する原則は、編隊に近い位置を占めるほど、自分の動きが制限されるということだ。護衛戦闘機は往々にして、前方機銃のない爆撃機のために銃座の替わりになることを要求されるが、その時は編隊の直上、直下のどちらかに位置しなければならず、そのどちらの場合も、爆撃機編隊に向かって正面から攻撃してくる敵機を射撃するだけで、それ以外の動きは禁止される。攻撃を終えて離脱する敵機を追って撃墜するなどはもっての外だし、離脱した敵機が燃えたか墜落したかを見届けることも許されない。ただただ自分の定位置を守り、そこにじっとしていなければならないのである。しかし私の経験をありのままにいうと、じっとしているのは事実上不可能で、ましてコルセアのような強力な戦闘機に乗っていればなおさらだった。同じ護衛でも、編隊の上方1000ないし2000フィート（300〜600m）を飛ぶ小隊は、すべての方向から攻め込んでくる敵を反撃してかまわない点多少救いはあったが、自分が高いところにいるからといって離脱する相手を急降下して追ったりしてはいけないので、

F4U－1、No.20の主翼の上でポーズをとるフォイ・「ポンチョ」・ガリソン中尉。彼は1943年6月30日、一日のうちに零戦2機を撃墜する快挙を成し遂げたが、7月17日にグレッグ・ワイセンバーガー率いる小隊に加わってカヒリを攻撃した帰途、撃墜されて戦死した。そのいきさつは、ジム・カップによればこういうことだった。
「小隊の最後尾にいたポンチョは、遠くにゼロの編隊が現れて我々と同じ方向に飛ぶのを見て誘惑を抑えきれず、反転して単機で離脱し、敵に向かっていった。だが次に我々が見たのは、ポンチョのコルセアが背面飛行の姿勢で火を噴きながら、ゆっくりと墜落する姿だった」（Cupp Collection）

そう大きな違いはなかった。護衛戦闘機がどうにも我慢できなくなって、味方戦闘機のグループから離れて敵を追ったらどうなるかというと、それはもうあっという間に敵戦闘機に囲まれて痛い目に遭うだけである。

「私に割り当てられたコルセアはいつも調子がよくて、整備員の行き届いた仕事のおかげでいかなる任務にもただちに出動できた。ただしひとつだけ問題があり、それは私が使いはじめてから300時間が経過しているのに、一度もエンジンをオーバーホールしてないことに関係があった。米海軍、海兵隊のしきたりだと、60時間ごとに『掃除屋』と呼ばれる大整備係に預けるのが普通だが、私のコルセアは前線に到着して以来はたらきづめでそういったことに縁がなく、そのせいか低回転で長時間飛び続けると気化器がオーバーフロー現象を起こし、エンジンが停止するのである。ひところ毎日のようにムンダを爆撃するドーントレス急降下爆撃機を護衛した時期があったが、どういうわけかその間まったく敵の迎撃がなくて大いに楽をしたかわりに、この気化器の問題につきまとわれて往生した。ドーントレスはもともとスピードの遅い飛行機で、巡航速度も120ノット（220km/h）と低く、それと歩調を合わせて飛ぶには目一杯スロットルを絞るしかない。そしてその調子で飛ぶと、目標の敵飛行場上空に到達するのに2時間かかり、それがちょうど私のコルセアの気化器がオーバーフローを起こす時間とぴったり一致したのだ。その結果ムンダ攻撃が続いた2週間というもの、毎日ムンダの手前の同じ場所にさしかかるときまってエンジンがバタリと停止するという、手のつけられないいやらしい現象に見舞われることになった。そうなったら数千フィートの高度と数分間の時間を犠牲にして、急降下によりエンジンを再始動させ、きちんとウオーミングアップをすませ、それからトボトボ基地に取って返すしかなかった。私のウイングマンだったテッドはこのへんの事情をよく心得て、終始私から離れずにいてくれたから助かったが、ほかの仲間はいつも『カップはね、編隊飛行に飽きるとちょっとずらかって、よく見える場所から爆撃を見物する癖があるんだ』などと冗談で私をからかうのだった。

「4月25日に、ペイトン少佐の小隊がムンダに飛び、威嚇を兼ねて軽い機銃掃射を行った。その帰り道、ペイトンが頭上10000フィート（3000m）に日本の爆撃機と戦闘機の一群を発見し、全機方向転換して上昇しながらそちらに向かったが手前で敵に気づかれ、後尾のより低い位置にいた第2分隊が襲われた。結局エッカート中尉が墜落して行方不明となり、ペック中尉は敵1機を撃墜したが自分もエンジンに被弾し、不調のまま辛うじて基地に帰った。いっぽう第1分隊のペイトン少佐とヴェダー中尉（撃墜6機）は敵の攻撃を回避しつつなおも高度をとろうとしたが果たせず、ペイトンは82発の命中弾を受けたが本人は手首にかすり傷を負っただけで無事に帰投し、ヴェダーは散々撃たれて機外に脱出したが、腿に機関砲弾の小さい破片が刺さったまま数日後に基地に戻ることができた。こうして味方に損失はあったものの、結果としてペイトンの小隊は戦闘機と爆撃機合計7機を引き返させるのに成功した。

ガダルカナルでジョージ・「ヨギ」・デファビオ中尉が乗っていたF4U-1、No.11「Defabe（ディファブ）」。ヨギは1943年6月30日、7月11日、7月17日の3回にわたり、零戦を1機ずつ撃墜した。以下はジム・カップの談話である。
「当時我々はムンダとガダルカナルの間を、10日ないし2週間の間隔で行き来していた。しかしムンダはつい昨日まで、我々にとって重要な攻撃目標だったところで、そんな場所に寝泊まりしても全然しっくりこなかった。それをいちばん感じたのがヨギだろう。なにしろ我々がムンダに最初に移動するわずか1週間前、彼はそこへ機銃掃射に出かけて対空砲火に主翼先端を46インチ（20cm）ももぎ取られ、いったんは脱出を覚悟したが、スピードさえ出ていれば空中に浮かんでいられることがわかり、どうにか『キャナル』に帰ってきたのだから」（Cupp Collection）

前掲写真と同じく水浸しになったムンダの滑走路。撮影の日付も1943年8月26日とほぼ同じだが、こちらはジム・カップの解説がつく。
「我々がムンダから出撃するようになると、日本はもうこれ以上アメリカ軍の北上を許すまいと固く決意したようだった。すでにカヒリ飛行場が事実上機能を喪失したというのに、驚くべきことに日本はなおもブーゲンビル島のあちこちにあたらしい滑走路をつくり、そこへラバウルの航空機を分散配置しようとさえしたのである。我々が2週間ムンダに滞在してはガダルカナルに戻る忙しい生活を強いられたのは、ムンダにいると毎晩頻繁に飛んでくる日本軍爆撃機に安眠を妨げられて、昼間はたらきづめの我々戦闘機パイロットが精神的におかしくなってしまうからだった」(National Archaives via Pete Mersky)

「VMF-124が我々を応援してくれたお礼に、5月11日の晩にパーティーを開いた。真夜中を過ぎて人数がだいぶ減ったころ、管理担当の士官がどこからか立派なステーキを仕入れてきてご馳走してくれ、みんな大喜びでパクついたら、夜のうちに全員が腹痛で七転八倒する騒ぎになった。あんまり長い間缶詰のポークとクラッカーとKレーション[※9]ばかり食べ続けたので、身体がホンモノの食べ物を受け付けなくなってしまったのだ」

この直後VMF-213はオーストラリアのシドニーに移動して6週間の休暇を過ごし、それから再びガダルカナルに舞い戻って2回目の前線勤務についた。カップ大尉の話は続く。

「レンドバ島とその隣のムンダ飛行場を攻略する大作戦が、間もなくスタートするはずだった。この作戦が成功すれば、我々もいよいよ北へ進出することになる。その準備中に、隊の整備員の一部がVMF-124に移動することになったが、我々パイロットがVMF-124を応援している以上離ればなれになることはないので安心だった。きたるべき激戦にそなえて、2週間かけて手持ちの飛行機を念入りに整備したが、こちらが留守の間に届いたあたらしいF4U-1が増え、もとからの使い古しの機体はめっきり減って、わずか数機しか残っていなかった。さらにニューカレドニア島から新品のコルセアが続々と自力輸送（フェリー）されて到着しつつあり、ほどなくして我が隊のパイロット全員が自分の専用機と専属整備員をもてる日がやってきた。そうなると途端に各機に立派な名前がつき、絵の上手な下士官ドン・バーマンの出番となって、ガス(Gus)はゴーファー(Gopher)を、いつも勇み立っているポンチョは獰猛そうな鷲を、しょっちゅう故障で引き返すトレファーは逃げ腰のドラゴンを、それぞれ自分の機体に描いてもらい、みんな夢がかなって満足そうだった。

「米軍機による連日の猛攻撃、通

専用機F4U-1、No 10「GUS'S GOPHER（ガスズ・ゴーファー）」の前でポーズをとるウィルバー・「ガス」・トーマス中尉。彼は最初の戦果、撃墜4機と撃破1機を1943年6月30日ただ一日で成し遂げ、最終的に18.5機を撃墜して、VMF-213きってのエースとなった。トーマスは隊員に人気があり、信頼も厚かったが、1947年1月28日に飛行中の事故で惜しくも他界した。(Cupp Collection)

前頁に続きこれも「GUS'S GOPHER」だが、写っているのは整備員。カウリングのノーズアート、ディズニー漫画のキャラクター「Gopher」がはっきり見える。この機体のパイロットのトーマス中尉の記録が、この写真を撮影した7月15日の時点ではまだ撃墜7機、未確認撃墜1機だったはずなのに、キャノピー下のマーキングは8個もあり、1個余計としか思えない。トーマスはソロモンではVMF-213に在籍して通算16.5機撃墜の記録を残し、さらに同飛行隊が空母エセックスに移動後、1945年2月16日に零戦を2機撃墜している。(Cupp Collection)

称『牛乳配達（ミルクラン）』によって、日本はムンダの滑走路を放棄せざるを得なくなり、ムンダの北側、海峡を挟んで10マイル（16km）の距離にあるコロンバンガラ島でも同じことが起きた。そのため満を持したアメリカ海兵隊がレンドバ島への上陸作戦を開始すると、日本航空部隊はブーゲンビル島のカヒリ飛行場から遙々飛んでくる以外とるべき方法がなかった。アメリカがレンドバ島をまず完全に占領して、次に隣のムンダに上陸する二段階作戦を推進したため、その間周辺の哨戒を強化して南下してくる日本機を阻止するのが我々の役目となった。この任務を遂行する上で最大の問題は距離だった。『キャナル』（ガダルカナルのこと）とこの哨戒区域とは200マイル（320km）離れていて、往復だけで1時間半かかる。それが、必要とあらばいつでも戦闘に突入できる戦闘機を常時この哨戒区域に貼り付けておくことを、極端に困難にした。それで、まず哨戒にあたる戦闘機は離陸の4時間後にはかならず基地に帰ることにきめておいて、あとはつらいけれどもほぼ全員が1日3回哨戒飛行をこなすことにより、飛行機不足の問題を解決するしかなかった。私ももちろんこの哨戒飛行に参加したが、何故か一度も敵機に遭遇しなかった。空戦は、きまって私の小隊が離陸または着陸する時にはじまり、さらに私たちが定位置について哨戒飛行をはじめると、これまたきまってソロモンの島々を覆う積乱雲に取り囲まれて、何も見えなくなった。そのためしばらくすると、我々は敵と接触したことのない唯一の小隊となり、それがグレゴリー・ワイセンバーガー少佐（撃墜5機）の注意を惹くところとなった。ワイセンバーガーはちょっと変わった人で、隊の全員が平等に撃墜記録を分け合うのがほんとうで、ごく少数が突出した記録で有名になるのは好ましくないという考えの持ち主だった。彼によれば、普通に訓練を終えた戦闘機パイロットが撃墜記録をつくれるかどうかは、単にその機会が与えられるか否かにかかっているのだった。また他に先駆けてひとりだけが記録を伸ばすと、本国で有名になるかわりに隊内での不協和音が高まり、強い飛行隊に不可欠のチームワークを崩すというのだった。

「ワイセンバーガーがどう考えるか知らないが、同じアメリカの航空部隊でありながら、雷撃機や急降下爆撃機の搭乗員には私たちのように、撃墜記録という勲章がない。しかも彼らは常に激しい対空砲火をかいくぐって目標に迫り、いったん敵戦闘機に襲われれば、鈍速で運動性に劣る彼らの飛行機に勝ち目はないのである。7月17日に我々はまさにこうした連中を護衛して、ムンダで孤立した日本軍守備隊の増援に向かうためカヒリで待機中の敵兵員輸送船の爆撃に向かった。その日に限って私の小隊は1機が欠け、テッドとホディ軍曹と私の3機で出撃したが、この態勢だと4機が揃った場合に比べて防御力の低下は避けられず、注意が必要だった。

「やがて零戦が1機、我々より低いところを飛んでいた護衛のコルセアの背後に迫ったという知らせがあった。すぐ急降下してこの零戦に追いつき、私とテ

ッドが揃って後方から射撃すると、たちまち火災を起こして爆発した。その破片を除けようとテッドも私もてんでに違う方向に舵を切ったため離ればなれになり、こういう時のためにあらかじめきめておいたショートランド島南の合流点に向かった。しかしテッドの姿はどこにもない。その時遠くに零戦に襲われたTBFアヴェンジャーとSBDドーントレスを発見したため急旋回し、救援に駆けつけた。零戦は3機だったが、応援にきたコルセアがただ1機とわかって、そちらを先に片づけるつもりになったのだろう。全機が揃って私に向かってきた。私は不利を承知で、全力を振り絞って激しい機動戦を展開した。そのうちに敵が私の後方の射撃圏内まで迫った時、右回りで『スプリットS』を打つ[※10]と相手がついてこれず、こっちから見て機首上げの格好になって失速しそうになることを発見した。何回繰り返しても結果は同じで、一回だけ相手が失速した隙にうしろにまわり、次のやつが私のうしろにとりつく前に、あてずっぽうではあるが一撃を浴びせてやった。そのうちに8機もの零戦が私と一緒にぐるぐる回りはじめ、『椅子取り競争』じゃあるまいし、こんな馬鹿げたゲームを続けたところで何の得にもならないと考えて、尻尾を巻いて逃げ出した。零戦よりF4Uのほうがスピードが上なことは彼らも承知で、だからいずれ私が急降下して逃げ出すことと、それを追っても無駄なことがわかっていたのだろう。誰も追ってこなかった。

「零戦との格闘にずいぶん時間をかけたせいか、もう味方の姿はどこにもなかった。だが少し飛ぶと、傷ついたのか、よろよろと基地に向かう数機の爆撃機が見えてきた。よく見るとカヒリから追ってきたに違いない零戦が2機、彼らにまつわりついている。どうやら爆撃機は点々と散らばる雲のおかげでもちこたえているらしかったが、ちょうど零戦が1機、まさに雲に入ろうとする爆撃機に後方から一撃を加え、爆撃機を追い越さないためか、雲をよけて急上昇するのが見えた。それがちょうど私の真ん前の絶好の位置だったから、相手が積乱雲の頂上まで上がるのを待って射撃すると、命中して雲の向こう側へ炎を引きながら落ちていった。もう1機別の零戦が、獲物が出てくるのを雲の下で待ち構えていたが、たぶん僚機が墜落するのを見たからであろう、きびすを返してカヒリ方向に飛び去った。そのあとしばらく安全な空域に達するまで爆撃機について飛び、それから別れて自分の基地へと向かった。

F4U-1のNo 9、BuNo 02288に乗り込むグレゴリー・ワイセンバーガー少佐。少佐はVMF-213の前隊長ウェード・ブリット少佐が早朝の離陸に失敗して滑走路を外れ、地上にあった2機のコルセアと衝突して爆発、死亡したあと、その後任に指名された。(USMC)

ワイセンバーガー少佐機のエンジンが轟然とスタートした瞬間のショット。左手に立つ主任整備員が火災にそなえて消火器をかまえている。翼のガンポートに貼ったテープは、タキシング中あるいは離陸滑走中のゴミの侵入を防ぐためのもので、またカウルフラップはエンジンのオーバーヒートを避けるため、地上ではかならずコントロールレバーを「OPEN」にセットして全開にするのがきまりだった。(USMC)

1943年6月、ガダルカナルの「ファイター・ワン」滑走路から飛び立つワイセンバーガー少佐機。少佐は同年7月18日に零戦を1機撃墜して通算記録を5機とし、晴れてエースとなった。その日の午後早速お祝いの大きなケーキが送られたのはよかったが、残念ながら少佐の記録はそこでとまり、6機目以降の撃墜は実現しなかった。(USMC)

「我々は任務を終えたあと、かならず隊付の情報担当士官ハリスン中尉に会って、飛行中の出来事をこまかく報告するきまりになっていた。彼がそれを聞いてひとつの報告書にまとめるのだが、パイロットの報告は誰であれ脈絡のない話の連続になるのが普通で、しかもそれを帰還してまだ興奮が醒めないうちに多勢が入れ替わり立ち替わりしゃべるわけだから、まとめるのにひどく苦労している様子だった。では実際の任務遂行に際してどれほど『脈絡のない』事件が起きるのか、ひとつの例をあげることにする。

「1943年6月30日のことだ。ブラウン、ヴォトー、スペードの3中尉と私は1115時（午前11時15分。以下、時刻の表記は同じ）、ヘンダーソン基地を緊急発進して、30機におよぶ日本機を迎え撃つためレンドバ島上空に進出した。1215時から1300時まで、25000フィート（7600m）の高度を敵を求めて飛び続けたが、それらしい姿はどこにもない。レンドバ島の周囲には盛大な積乱雲が並んでいたが、米軍の揚陸作業が順調に進んでいることは、上からはっきり確認できた。昼過ぎのまだ早い時間にガダルカナルに帰投して、自分の飛行機から離れずに待機していると、1350時にVMF－221とVF－11が敵と接触したという知らせが入り、1545時に再び4機で緊急発進した。我々の3分後にシェルドン・ホール（撃墜6機）、ショー（撃墜14.5機）、モーガン（撃墜8.5機）、ジョーンズの4中尉も離陸し、8機で揃って再度レンドバ島周辺の味方艦船の警護に向かった。出発の前に今日はレーダーが不調だから見張りを強化するようにとの指示があり、高度15000フィート（4500m）を注意しながら飛行して、目的地上空には1645時に到着した。早速基地に報告を入れると、折り返し高度8000フィート（2400m）を味方船舶に向けて飛行中の不明機ありと知らせてきた。だがすぐ急降下してさがしたのに、それらしき姿がない。空はすっかり雲が増えて、敵が雲に隠れて見えないのかもしれなかった。そのうちに今度はレンドバから、西方に水上機が9機ありと知らせてきたが、これも

VMF－213のNo.5が機銃の弾道調整を受けているところ。吊り上げ用の櫓（やぐら）に椰子の木を使ったのが面白い。コルセアの機銃は射撃のたびに少しずつ動く傾向があり、そのため頻繁な弾道調整が必要で、だからパイロットは自分の機体の銃を次にいつ調整してもらえるか、いつも気にしていた。12.7mm機銃6挺の弾道をいくらの距離で一点に収束させるかは、各飛行隊の裁量にまかされていたが、標準は900フィート（274m）ときまっていた。(USMC)

F4U-1のNo 8「EIGHT BALL/DANGEROUS DAN（エイト・ボール／ディンジャラス・ダン）」。この機体の左舷キャノピー下に撃墜マークが1個だけ記入された写真が存在するが、誰がこれに乗って記録をひとつ増やしたのかはまったく不明。(USMC)

見えなかった。結局付近を30分捜索してから通常の哨戒飛行に戻り、基地に帰ったのは1915時だった。

「我々が昼少し前に第1回の哨戒に出たあと、ヘンダーソン基地ではワイセンバーガー少佐の編隊がスクランブル態勢をとって待機を続けていた。編隊のメンバーは少佐とクローク大尉、それにトーマス（撃墜18.5機）、ドレーク、デファビオ、ガリソン、マクリーリ、ボーグの6中尉の合計8人で、彼らは我々が帰ったのと入れ違いに1400時に離陸して、高度26000フィート（7900m）まで上昇して1445時にレンドバ島上空に到達した。

「ワイセンバーガーの編隊の中で、『ヨギ』のニックネームをもつデファビオだけが機体の不具合で出遅れ、1405時に単独で離陸してあとを追った。しかし速度を上げても、なぜか編隊がいっこうに見えてこない。そのままレンドバ島に着いてひとりで上空を周回していると、敵発見を告げる『タリホー！』のコールが聞こえてきた。さては近くで空戦が進行中だなと8000フィート（2400m）まで降りたら零戦が2機見えたので、その左上方からリーダーを狙って接近し射撃した。その零戦はたちまち煙を噴きはじめ、やがて炎を上げて水面に突っ込むところを確認した。デファビオはそのころになってほかにもいっぱい零戦がいるのに気づいたが、どれも米軍機と交戦中で、うかつに手出しできそうもなかった。そのうちに空戦が終わり、デファビオはガリソン中尉と出会って、そのまま一緒に基地へ帰った。

「いっぽうデファビオが合流しようとして果たせなかったワイセンバーガー少佐とトーマス、ガリソン両中尉の3機は、眼下に15ないし20機の零戦を発見してこれを攻撃した。ワイセンバーガーは3機を撃墜したが、自身も被弾して墜落した。最初の2機を一方的に片づけたあと、3機目が正面から突っ込んできて両者近距離で一瞬の撃ち合いになり、その零戦が炎上して爆発したのはたしかに見届けたが、彼のコルセアもエンジンから煙が出てそのうち火災になり、高度800フィート（240m）で脱出して海面すれすれの危ういところでパラシュートが開き、無事着水したのだった。するとこれまた幸運にも近くに巡洋艦がいてそれに拾われ、無事ガダルカナルに帰ってきた。脱出の時水平尾翼に接触して胸を打ったが、打撲傷だけで大怪我にはならなかった。

「さてこれで6月30日がいかにとりとめのない事件の連続だったか、わかってもらえたと思う。このあと勤務が少し楽になり、それまでひとりあたり日に3回哨戒飛行に出ていたのが、2回ですむようになった。これにはじつはわけがあり、もともとVMF-213はパイロット不足が甚だしかったが、それを見ていたよその戦闘飛行隊が、我々の大事なコルセアを強引に借り上げてもっていってしまったのである。今やアメリカ軍はムンダ飛行場をほぼ完全に手中におさめたが、それが刺激になってスロット沿いに南下してくる日本機の数は増える

いっぽうだった。そしてそのために、我々は二度目の長期休暇を目前にして2名のパイロットを失うことになった。それは急降下爆撃機の一群を迎え撃った時だった。我々が到着した時、敵が一部すでに急降下にはいったあとだったので、やむをえずそれを追って敵編隊の下に潜り込み、敵が爆弾を投下し終わったところを狙い撃ちしたのである。この戦法はこれから急降下に入ろうとする爆撃機を混乱させる上では効果があったが、いっぽうでこちらの後方ががら空きになる危険をはらんでいた。そして案のじょうテッドが敵戦闘機の1機に狙われて胴体に無数の機銃弾を浴び、撃墜されてしまった。

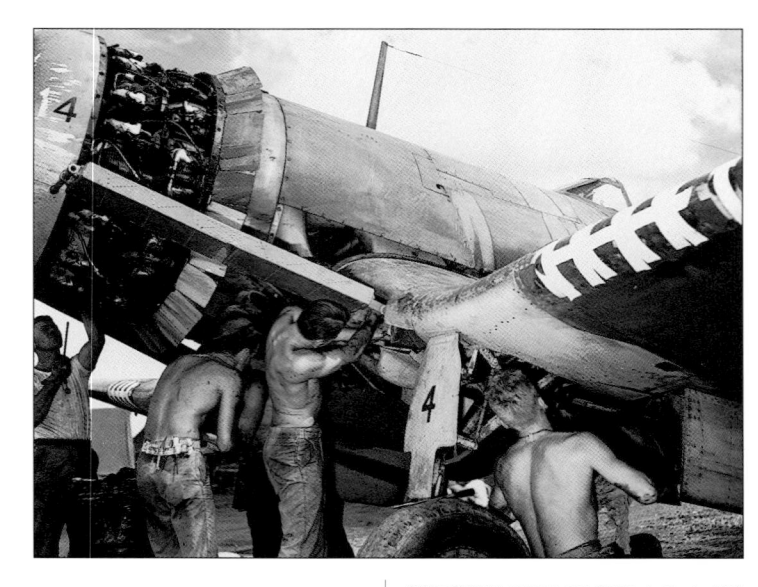

「かくて7月26日、基地のリビングッド軍医が我々全員に過労の診断を下して、待望の休暇がはじまった」

野外で整備されるVMF-213のF4U-1、No 4。場所はガダルカナル、時期は1943年6月。主翼前縁のテープで覆ったガンポートを数えると片側で5個もあるが、もちろん一部は偽物である。6月上旬の人事異動でVMF-213の整備員がそっくりVMF-124に移ったが、「偽のガンポート」作りの習慣はVMF-213に根を張ってそのまま残ったと見える。(USMC)

シドニーで2回目の休暇を過ごす間に人事異動があり、VMF-213の隊長がワイセンバーガー少佐からアンダーソン少佐に替わった。カップ大尉の話は続く。

「休暇があけて次なる勤務地のムンダに出頭すると、がっかりすることにぶつかった。我々がかつて美しいシンボルマークを描き込んで大事にしていた機体が、十把ひとからげにごっちゃにされ、毎朝全然知らないパイロットが現れては勝手に引っ張り出して飛び上がっていく。それを見て胸の痛みをこらえていると、今度は海軍建設隊上がりの整備員がやってきて、ガソリンとオイルの注入口がわからないから教えてくれといったから、みんな驚き呆れて危うく卒倒しそうになった。誰かが『こりゃもうだめだ、給料を引き出して国へ帰ろう！』といったのも無理はなかった。ではムンダには一人前の整備員がいなかったかというと、いるにはいた。しかしそれがみんなグラマン機専属になっていたのだ。そのため我々の可哀想なコルセアは整備が行き届かず、汚れて調子も悪かったが、これまた飛べないわけではなかった。たしかに飛べるのだが、しょっちゅう何かしら小さい故障が起きるのである。過給器を交換したらエンジンパワーが逆に落ちたなんていう話はザラで、だから出撃の度に果たして基地に無事帰れるのか、不安になるのだった。

「海兵隊は、ソロモンを島伝いに北上する大作戦の次なるステップの準備に忙しかった。今度はいよいよブーゲンビル島の攻略である。我々航空部隊の役割は、ムンダ攻略の時と同じく、先行してカヒリとバラレの2基地を無力化することにあった。米軍は航空勢力の増大を目指して、ムンダの北40マイル（64km）のベララベラ島にも滑走路を建設中だった。その南、ムンダからわずか10マイル（16km）のコロンバンガラ島にある日本の爆撃機専用飛行場にはもはや航空機の影はなかったが、完全に無人というわけではなく、対空火器

はまだ健在で、うっかり近寄ると危険だった。この飛行場に接する小川には水上機が1機か2機、昼間見てもわからないように上手に隠してあり、たまに夜飛び上がってムンダに爆弾を落としにきたが、もっと遠くからやってきてはひと晩に何回も我々を叩き起こす爆撃機『洗濯係のチャーリー』[※11]にくらべれば、ものの数ではなかった。

「私の小隊（ディヴィジョン）は、第1分隊（セクション）が私とテッド亡きあとその任についたウイングマンのワレイ、第2分隊がエイブリーとスチュワートという組み合わせだった。ワレイ以下の3人はまだ実戦の経験がなく、戦闘のチャンスを待ち望んでいた。9月17日にベララベラ島上空の哨戒飛行に向かうと、まだ周回を開始しないうちに、レーダー管制官が不明機の集団が我々の方向に飛来中と知らせてきた。さあいよいよ新人の出番である。

「空には18000フィート（5500m）の高さに白い雲が点々と浮かんでいた。それを適当に除けながらベララベラの南端めがけて上昇していくと、ちょうど雲の穴を抜けた時に、5マイル（8km）先をこちらと同じ高度で飛んでくる敵急降下爆撃機の見事な大編隊が見えた。そして次の瞬間、上を見上げた私の目に、頭上わずか100フィート（30m）のところを一列に並んでジグザグに飛ぶ8機の零戦（ゼロ）の姿が映った。即座に横転して雲に隠れながら、敵の位置と進路を基地に無線で報告する。どうやら零戦は我々に係わり合う意志がないらしい。それならと、今の降下で失った高度を取り戻すべく、再び上昇に移る。第2分隊はこちらと同じく爆撃機の方向に向かってはいるものの、今の一連の機動で遠くに離れてしまった。また雲の穴にさしかかり、それを通り抜けると零戦がこちらに向きを変えたのが見え、そのまま直進して次の穴を抜けると、今度はほんとうに襲ってきた。だが彼らはミスを犯した。我が第1分隊と第2分隊の間に飛び込んでしまったのである。我々が両方とも降下の姿勢をとっていたため、私のうしろに零戦がいて、そのまたうしろをエイブリーとスチュワートが追うかたちになり、最後尾の2人は大喜びで機銃を射ちまくって零戦を1機撃墜した。そのためほかの零戦はすぐに私の背後を離れ退散した。

「我々が空戦に時間を費やす間に敵爆撃機は目標に接近し、こちらが急ぎ高度をとりながら追いついた時は、すでに大半が急降下にはいったあとで、上空に残っていたのはわずかだった。日本の急降下爆撃機は旧式でスピードが遅く、うっかりするとロクに射撃しないうちに通りすぎてしまうので、その中の1機をえらんで慎重にエンジンを絞り、座席にくつろいだままゆっくりと真うしろのほとんど手が届きそうな距離まで迫ってから、6挺の機銃の一斉射撃を浴びせた。結果は床におもちゃを叩き付けたのと同じで、破片がパッと散り、次の瞬間もうそこには何もなかった。やや遠くに急降下に入った直後の1機が見えて、なぜか無性にそいつを撃墜したくなった。それには対空砲火が命中しないよう祈りながら、一緒に降下するしかない。幸い私のうしろにはスチュアートがぴったりつき、後方を気遣う必要はなかったから、水面近くまで一気に降下して引き起こしつつ相手に近づくと、それまで目の前の相手にばかり気をとられていたのが急にまわりが見えてきて、隣に別の1機がいるのがわかった。さらに上を見ると、いるわいるわ、そこらじゅう爆撃機だらけである。獲物を追っているうちに、敵がカヒリに帰還する前に勢揃いするランデブー・ポイントに紛れ込んだのだった。こうなったらこっちのもの、気の毒だが後席の軽機関銃だけが頼りのこいつらに勝ち目はない。

「まず敵を追い越さないよう、スロットルを戻した。彼らの必死の回避行動

は、見ていて痛ましかった。彼らにできることといったら、水面から10フィート（3m）足らずの超低空を、右に左に猛然と舵を切りながらすっ飛んでいくしかないのである。中にはあくまでも生き延びる執念のかたまりというか、渾身の力で機体をひねり、こちらの機銃弾をみんな逸らしてしまう天晴れな腕前のやつがいたが、結局は時間の問題で、まず後部座席の射手が崩れ落ち、次いでエンジンが火を噴いて、次の瞬間全体が炎のかたまりになって水上を滑っていき、それで終わりだった。上げ舵をとって、スチュアートの反対側に出てまた舞い降りる。今度掴まえた相手も急激な運動を繰り返すので、射撃せずに距離だけつめると、こちらが接近すればするほど、輪をかけて激しくのたうち回る。そしてとうとう片翼が水面を打ち、こちらが1回も射撃しないうちに自分で海に突っ込んでしまった。また上昇してスチュアートのうしろに下がり、彼を前へ出す。今までこの急降下爆撃機のタンクは防弾になっていないとばかり思っていたが、どうやらそれは間違いだったらしい。それにしても我々の銃弾が防弾タンクに対してもなお効果的なのは、思わぬ発見だった。私はスチュアートの後方に下がってから、ずっと彼の真うしろを飛び続けたわけではないが、やったと思ってうしろを振り返った時はかならず日本機が水面に突っ込むのが見えて、結局彼の攻撃で合計3機が水面に叩きつけられたのを確認した。私も4機を海に突っ込ませたが、それでほんとうに相手が終わりになったかどうかまでは確認できなかった。

「そのうちにとうとう爆撃機の先頭の一群にまで近づき、2人で1機を片づけた次の瞬間、天地が裂けんばかりの大音響が轟いた。うしろから飛んできた20mm機関砲弾が命中して、私の背後の炭酸ガスボンベが破裂したのだ。続いてもう1発が頭越しに操縦席を通過してエンジン直後の補機室で破裂し、そのまた次の1発が左主翼に穴をあけ、フラップをもぎ取った。いい気になって爆撃機を追っているうちに零戦が4機も集まってきたのに気づかなかったのだ。頭上後方に、順番に私に飛びかかろうと待ち構える彼らの姿がはっきり見えた。スチュアートは前方にいるはずだが、無線で助けを求めても応答がない。しかしあきらめずに送信ボタンを押し続け、こちらの位置を告げて、『助けてくれ』と何度も絶叫した。もう絶対絶命だった。たとえ海面すれすれまで高度を下げたところで、彼らは手を引くまい。こうなったらスロットルを目一杯押し込んであとは祈るしかないと思い、その通りにしたら、途端に我が愛しのコルセアは地獄から飛び出すコウモリよろしく、パッと突進に移った。うしろからは何の反応もない。きっとこちらのダッシュのよさにびっくりして、ポカンと見送るしかなかったのだろう。私が逃げたあと彼らはスチュアートに掴みかかり、私ほど幸運でなかった彼は銃弾で穴だらけにされて操縦がきかなくなったが、なんとか上昇してからパラシュート降下して原住民に助けられ、翌日戦闘用カヌーに乗せられて8時間がかりで基地に戻ってきた。

「この激戦から2日後の9月19日、我々4人はまるまる24時間の休みを頂戴して感激し、翌日は朝一番の哨戒飛行を志願して夜明け前に離陸した。前の晩は例によって『チャーリー』が何回もやってきてうるさかったが、私が0500時に離陸すると、はるか前方高度10000フィート（3000m）のあたりに、チャーリーの最終便らしき機影がひとつ、ポツンと見えるではないか。さあ急げとばかり、あとから離陸した連中と編隊を組むや追跡に移ったが、あたりはまだ暗く、3人は私を見失わぬようついてくるのが精一杯で、敵を探すどころではない。やむを得ず私ひとりだけで、今やあきらかに一式陸攻とわかる遠くのシ

弾道調整に先立ってF4U-1「Bubbles（バブルズ）」の左舷側3挺の機銃を手入れする兵装担当整備員。場所はガダルカナル。この機体は元はVMF-213所属で、その後プール制の採用により、VMF-124のパイロットも使うようになったと推定される。(USMC)

ルエットを見失わぬよう、懸命に凝視し続けた。敵はもちろん全速のはずで、こちらは上昇中だから速度が鈍り、そう簡単には追いつけそうもなかった。それでもコロンバンガラの山が真下に見えるころ、少し距離がつまった。
「私のコルセアは出発前の試運転では調子よかったのに、離陸してから燃圧計の針が振れだして、正常なら15ポンド/平方インチ（1.1kg/㎠）を指すべき針が8を指し、しかもなお下がり気味だった。燃料切り替えレバーを間違ってセットしていないか点検して、電気式ブースターポンプ［※12］のスイッチも入れてみたが、何も変わらない。これでは引き返すしかないと思って僚機にその旨を告げ、ついでに敵を視認したか念を押したら、ノーという答えが返ってきた。彼らは今やたがいの間隔を広げて前方確認を優先しているというのに、それでもなお見えないらしい。我々はもうチャーリーと同じ高度で、距離も1000フィート（300m）まで縮まったから、あと一歩だった。しかし燃圧計の針が頼りなげにふらついている以上、敵の上に出て前方へ回り込む芸当は無理だ。でもここでチャーリーを撃墜すれば私の記録は13機になる。だからそう簡単にはあきらめたくない。その時いい考えが浮かんだので、単独行動をとる決心をして翼を振って僚機と分かれた。
「私の考えというのは、いったん降下して勢いをつけ、それから急上昇に転じて下から攻撃する方法だった。一式陸攻には腹部の銃座がないから、下から射撃すれば1回の航過で充分撃墜できると思ったのだ。それに私が攻撃すれば、編隊の連中にも一式陸攻の所在がわかるはずである。そう思いつつ、下方45度の範囲まで掃射できる後部銃座を避けながら急上昇して一式陸攻に迫った時、信じられないことが起きた。今でも私の脳裏にその時の光景がはっきり浮かぶが、突然爆弾倉が開いて、そんなところにあるはずのない機関銃が、こちらに向かって撃ってきたのだ。次の瞬間命中のショックが3回続き、それがいずれもコクピット下部だったらしく、足下から炎がチラチラと出はじめた。何カ月にもわたる過去の空戦の記憶が一瞬のうちに私の脳裏をかすめ去り、次に無意識のうちに無線のスイッチを切り、腰と肩のベルトを外し、キャノピーをうしろへ押しやって座席に立ち上がり、側壁を越えようとした。

だがそれができない。その時突如として思考能力が戻った。今自分は300ノット（550km/h）近い速度で墜落中の機体の中にいる。だから外を流れる風もその速さだ。その風がまるで鉄の壁のように私を遮ったのだ、と。

「風に押し戻されて座席に座り込んだら、コクピットに流れ込む風に煽られて大きくなった炎が、脚に沿って上へ上がってきた。熱い！　左足の横にあるスロットルレバーを見たら、まだ全開のままだった。これがいけないのだ！　だが左手も右手も妙な具合に部分的にきかなくなり、左手ではレバーを戻せない。しかし左手を右側に伸ばすことはできたので、左手で右手を掴み、そろそろと左に引っ張った。目の前の炎の中を、右手がそろそろと移動して、やっとレバーに届いたところで、エイとばかりに掴んだスロットルをうしろへ押しやった。これでよしともう一度立ち上がり、飛び出そうとしたが、また失敗した。もう頭が一杯で、何も考えられない。ひたすら『ああこのまま基地に帰れたらいいなあ』と思うだけだった。そのうち脚の痛みが治まって気持ちが楽になり、たとえようのない安心感が心を満たして、頭の中をもろもろの美しい情景が通りすぎた。その状態が何時間も続いたような気がしたが、実際は1秒にも満たなかったのだろう。また元気が出てきて、ラダーペダルに足を突っ張って立ち上がり、今度こそは壁を乗り越えた。尾翼がぐっと迫ってきたので足を上げてよけ、ようやく自由になった。

「そうだ、パラシュートを背負ってたはずだ、と急に思い出して、背中の感じでそれをたしかめて安心し、紐を引いた。傘が開いたショックは感じなかったが、背中の圧迫感が急に上から吊られた感じに変わったのはわかった。同時に私のコルセアが眼下で海に落ちるのが見えた。足がなんとなく痛いので見下ろすと、左足の靴下がくすぶっているのが見えたので、具合のいいほうの手を伸ばして叩いて消した。ほかに着ているものに火がついた形跡はなかった。たぶん炎にあぶられただけで、燃え出す時間がなかったからだろう。両足が部分的に白いのは、皮膚が燃えて灰になったためらしい。でもあまり痛みはない。顔と右手はあまり焼け焦げた感じがなく、皮膚の感触が残っていたが、頭の毛はみんな燃えてしまったようだ。唇のまわりに焼けた皮膚が垂れ下がっているのがわかる。これじゃまるで鬼の顔だ、と思った」

　カップ大尉が墜落したあと残った3機は、カップがもてあました獲物を無事撃ち落とした。カップは1430時に救出され、病院に運ばれたが火傷がひどく、18ヵ月間入院してその間に14回も手術を受けた。彼が残した公認撃墜記録は12.5機だった。

訳注
※9：米軍の野戦食のひとつ。もともとは2〜3日の短期間の使用を目的として空挺部隊用に開発された、調理を必要としない小型で軽量な携帯食料。軍用食堂のBレーションや缶詰と乾パン主体のCレーションの代わりに長期間支給されることがあり、兵士たちの不評をかった。
※10：ロールしてダイブする機動。
※11：夜中に洗濯機を回すうるさいやつの意味。
※12：始動、離陸およびタンク切り替え時に使用するのが原則だが、この場合のような非常の際にも役立つはずである。

chapter 3

ムンダからトロキナへ
torokina and munda

　1943年7月、J・L・ニーファス大尉指揮のVMF-215がエスピリツサント島に展開した。すでにソロモンの南半分はアメリカ軍の支配下にあり、それ故ソロモン諸島の北寄りの島々に残存する日本軍基地の攻撃が、彼らの最初の仕事となった。8月12日にムンダ進出を果たして間もなく初回の前線勤務期間が終わり、休暇後の10月に戻ってくると、隊長が交代してH・ウィリアムソン中佐になった。11月28日には遂にベララベラ島に進出、やがて攻撃の対象が日本航空勢力の中枢ラバウルに変わった。12月6日に新飛行隊長ロバート・オーエンス少佐(撃墜7機)が着任し(少佐は次の第3回勤務の終わりまで隊にとどまる)、次いで1944年1月27日にはさらに北上して、ブーゲンビル島トロキナへの展開を果たした。

　海兵隊のコルセア飛行隊は、勤務期間が終わるたびに本国に戻り、次に帰ってくる時は新人をぞろぞろ連れて、大げさにいえば休暇のたびに別の隊に生まれ変わるのが普通だったが、VMF-215はその点特異で、長期にわたる前線勤務期間中ほとんど隊員の出入りがなかった。VMF-215は第二次大戦中に敵機を合計135.5機撃墜し、10人のエースを生んだが、中でもロバート・ハンソン中尉は全コルセアエース中最高の成績をあげた。だがハンソンは最後撃墜されて戦死し、死後に議会名誉勲章を受けている。

　ボブ・オーエンス少佐とそのウイングマンのロジャー・コナント大尉は、ともにVMF-215が最初にソロモンに展開した時からの隊員で、のちに揃ってエースになるなど、共通点が多い(撃墜はオーエンスが7機、コナントが6機)。以下にこの2人が語ったVMF-215の活動の一端を紹介しよう。

1943年はじめ、ハワイ沖を編隊飛行するVMF-215のF4U-1。以下は同飛行隊のロジャー・コナント大尉の談話である。
「我々はハワイのバーバーズポイントからミッドウェーまで、隊のコルセアを自力でフェリーした。コルセアには最初から作り付けの翼端タンクがあり、両側で100ガロン(380リッター)を超える容量があるから、長距離飛行には重宝する。落下式の増槽よりはるかに洗練された設計であり、ほかには例がないだろう。これを使って飛ぶ時は、離陸後まずこの中の燃料を使い切って、それからブリーザーを開いて内部に炭酸ガスを吹き込み、可燃性のガスを追い出す[ハワイからミッドウェーまでは2000km近い距離があるが、訓練を兼ねてこの方法でフェリーしたものと推定される]。ミッドウェーは飛行機乗りの天国で、絶海の孤島だから何の気兼ねもなく飛び回れるのがよかった。VMF-215はミッドウェーではじめてコルセアによる本格的な飛行訓練を体験し、3カ月間たっぷり腕を磨いたが、我々がその後実戦で存分に実力を発揮できたのは、ひとえにこの訓練のおかげである」
(Conant Collection)

コナント:「私たちはサンタバーバラでバードケージ・キャノピーのF4U-1を受け取り、規定の数が揃ったところで水上機母艦に積み込んでハワイに運んだ。ハワイではパイロットを3名失った。といっても別に戦死とかそういうことではない。やたら張り切って一刻も早く前線に出たがり、特別に志願して出ていってしまったのだ。だが中部太平洋方面に配置されたために、遂に一度も実戦を経験することなく終戦を迎えたというから、世の中わからないものだ」
オーエンス:「我々はアメリカで船に積み込んだ戦闘機を、途中で別ものに摺

り替えられてしまった。ミッドウエイでソロモンに向かう準備をしていたら[※13]、ちょうどそこへ我々と入れ違いにVMF－212がF4U－1とともに船で到着した。どちらも飛行機は同じコルセアで、違うのは向こうが船の上、こちらが陸上という点だけだった。そうしたら我々が彼らの船に乗り込み、彼らが上陸すれば、飛行機をいちいち移し替えなくてもすむということになったので、みんなすごく口惜しがった。俺たちは遊びにいくんじゃない、戦いにいくのだ。だから飛行機だって最高の状態に整備した。それをボルトの締め方もロクに知らないようなツラをしたやつらの飛行機と取り替えろというのか、というわけだ。

1943年8月14日、泥だらけになったムンダの駐機場から、F4U－1、No 76「Spirit of '76（スピリット・オブ・'76）」、BuNo 02714を引っ張り出そうとしている。この機体はボブ・オーエンスの専用機ということだが、彼がこれで出撃したのは同年7月31日の1回だけだった。ボブのウイングマンだったロジャー・コナントも同年8月1日と4日に、またVMF－214のエド・オランダーも同年10月13日に、それぞれこの機体で出撃したが、3人ともこの機体による撃墜戦果はなかった。(National Archives)

「ようやくムンダにたどり着いて、多数の戦闘飛行隊が同じコルセアを飛ばせている現場をはじめて見て感激した。ところがそれはそれで問題があり、飛行機の胴体に書いてある番号が、どの隊も一様に1番から16番までなので、たとえば誰かが5番をあてがわれて出撃すると、同じ攻撃グループの中に自分を含め5番が5機もいることがあるというのだ。それで別の番号システムに変えようということになり、多くの隊がBuNo[※14]の末尾の三桁を使う方法を採用した。それで『はい、今日は672に乗って下さい。あ、そちらは345ね』というふうに、間違える心配はなくなったが、割当の機体が毎日目まぐるしく変わる点は同じだった。私は一度自分の日誌をひっくり返してしらべたことがあるが、同じ機体に二度続けて乗ったという記録はまず見つからなかったね。

「ムンダでは複数の飛行隊が、話し合いによりプール制に転換した。つまり飛行機の共同管理である。我々VMF－215も、VMF－212の隊長がヒュー・エルウッド少佐（撃墜5.1機）に替わった時に彼と相談して、おたがいに飛行機を融通し合うことにした。今日はVMF－212が飛行機不足だからこちらの飛行機を貸してやろう、明日はその逆、という具合に、その時々の都合で自由に貸し借りするのである。要するになんでもいいから乗れるものがあればそれにパイロットを押し込むということで、パイロットの数が機体の数を凌駕する限り、たしかにこれが最良の方法だった。

この頁の上の写真の解説に、ボブ・オーエンスがNo 76に1回しか乗らなかったと書いたが、その反対に彼は右の写真のF4U－1、No 75には何度も乗った。オーエンスが所属したVMF－215には、各パイロットに専用機をあてがう習慣がなかったが、公式記録によればボブは別のF4U－1、BuNo 17927で13回連続出撃して、1944年1月14日には一日のうちに2機を撃墜している。ボブはまたF4U－1 BuNo 02656でもとびとびに12回出撃して、1943年8月12日には撃墜、撃破各1機の戦果をあげた。(National Archives)

「今思うとじつに不思議だが、我々はこうしたプール制度を実施しながら、そのいっぽうでせっせと個人的なマーキングを機体に描き込んでいた。ただしそれはただ単純に、隊の大勢のパイロットにそれぞれどんな文字と絵が好きかを聞いて、それを適当にそこらの機体に次々に描き込むだけのことだった。私も『Spirit of '76』の文字を提案して、1機にその通り描いてもらったが、その機体で飛んだのは一度しかなかった。別に選り好みせずに、いつも指定された機体に素直に乗った結果そうなったのだった。

「さて飛行機そのものに話を移すと、まずコルセアを飛ばすのは、けっこうむずかしい。以前軽い機体に乗っていた人ほどそう思ったはずだ。なにせトルクが強大だから、うかつに回転を2800rpmに上げようものなら、それこそパイロットを置き去りにして、飛行機だけが勝手に飛んでいってしまう。それとフルスロットルにしたら、ラダーペダルを一杯に踏まないと絶対いうことをきかない[※15]。F4Uは操縦席がうんと広くて、小柄なパイロットだとトルクと格闘しようにも奥まで足が届かないことがある。それで背中にクッションを挟むパイロットが多いが、私の隊のハップ・ラングスタフ中尉なぞは2枚も挟んでいた。まあ方法はどうでもいいが、ペダルを一杯奥まで踏み込まない限り、コルセアは操縦できないと思ったほうがいい。

「我々がソロモンにやってきた最初の3週間から4週間は、ニュージョージア島のムンダが基地だった。出撃が頻繁で、昼間自分のベッドで休んだことは一度もなかったし、我々が滑走路で離着陸を繰り返す間も島の別の場所では敵味方地上軍の戦闘が続き、緊迫した状況だった。ムンダではW・デミング中尉が、なんとも珍しい撃墜され方をした。滑走路の手前で着陸態勢にはいった時に、日本軍の野砲の砲弾が命中したのである。もちろんそれは流れ弾などではなく、敵が狙って撃った砲弾で、彼らの大砲にはペンキで星条旗が描いてあるという噂があったが、そういうののひとつから発射されたに違いなかった。中尉は辛うじてベイルアウトしたが腕を折り、アメリカ本国に送還されてそれっきり帰ってこなかった。

「1943年8月13日に、海兵隊のベララベラ島上陸作戦を援護した。充分高度をとって上空を警戒していると、零戦が4機雲を縫って近づいてきたので、そちらに向かって降下を開始した。我が隊のモットーである『トコトン近づくまで撃つな！』の教え通りに1/4マイル（400m）の距離に近づくまでじっと我慢し、それから射撃を開始したが、すれすれに接近するまでに全弾を撃ち尽くし、しかも特に命中した様子もない。完全に失敗だった」

コナント：「爆撃機の護衛は、我々の任務の中でも最も重要な部類にはいる。護衛戦闘機は多い時は50機から70機が、低高度、中高度、高高度の3グループに分かれて飛ぶ。爆撃機と同じ高度かわずか下を飛ぶのが中高度グループで、このグループは実際のところ爆撃機のすぐそばを寄り添うように飛ぶのが普通だ。私の隊はどのグループになった場合でも、

VMF-215のコナントは、ボブ・オーエンスのウイングマンを務める間に6機を撃墜した。彼がリーダーに昇格してウイングマンを従えるようになったのは、そのあとである。1943年8月30日に、ムンダでコナントが彼専用のF4U-1の傍らでスクランブル態勢をとっている間に、ケン・ウォルシュにそのF4U-1を「盗まれる」という「事件」が発生したが、それはF4U-1（BuNo 02585）で飛行中に過給機が具合悪くなりムンダに不時着したウォルシュが、VMF-215の隊長ニーファス大尉に掛け合って、飛べるコルセアがあったらどれでもいいからもっていけといわれ、その通りにしたからだった。（Conant Collection）

コナントは1944年1月14日、F4U-1のNo 590、BuNo 17590でラバウル爆撃に向かうSBDとTBFを護衛し、その間に零戦を1機撃墜した。この日コナントは、ベララベラの隣の島のバラコマ飛行場から出発して、いったんトロキナに降りて燃料タンクを満たし、それからラバウルに向かうという段取りで飛行した。写真はこの日コナントが乗ったコルセアが、それ以前の1943年12月10日に、ベララベラで重整備をうけているところ。（via Jim Sullivan）

カラー塗装図
colour plates

解説は105頁から

1
F4U-1 「黒の17」 1943年2月 ガダルカナル
第124海兵戦闘飛行隊 ハワード・フィン中尉

2
F4U-1 「白の13」 BuNo 02350 1943年8月 ムンダ
第124海兵戦闘飛行隊 ケネス・ウォルシュ少尉

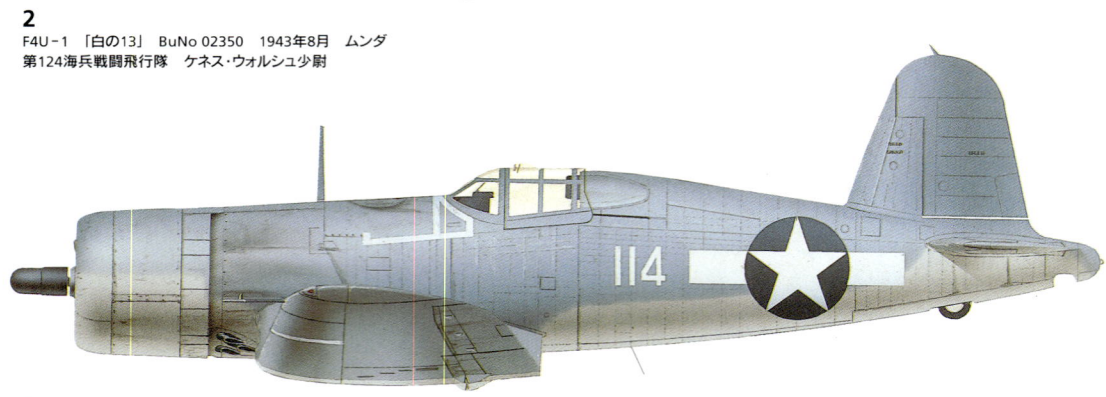

3
F4U-1 「白の114」 1943年8月 ムンダ
第124海兵戦闘飛行隊 ケネス・ウォルシュ少尉

4
F4U-1 「白の13」 1943年9月 ラッセル諸島
第124海兵戦闘飛行隊 ケネス・ウォルシュ中尉

5
F4U-1 「白の7／DAPHNE 'C'」 BuNo 02350 1943年7月
ガダルカナル 第213海兵戦闘飛行隊 ジェイムズ・カップ大尉

6
F4U-1 「白の15／DAPHNE 'C'」 BuNo 03829
1943年9月 ムンダ 第213海兵戦闘飛行隊 ジェイムズ・カップ大尉

7
F4U-1 「白の11／Defabe」 1943年7月 ガダルカナル
第213海兵戦闘飛行隊 ジョージ・デファビオ中尉

8
F4U-1 「白の10／GUS'S GOPHER」 1943年7月
ガダルカナル　第213海兵戦闘飛行隊　ウィルバー・トーマス中尉

9
F4U-1 「白の10／GUS'S GOPHER」 1943年7月
ガダルカナル　第213海兵戦闘飛行隊
ウィルバー・トーマス中尉

10
F4U-1 「白の20」 1943年7月　ガダルカナル
第213海兵戦闘飛行隊　フォイ・ガリソン中尉

11
F4U-1 「白の125」 BuNo 02487　1943年7月
ガダルカナル　第221海兵戦闘飛行隊　ドナルド・バルク中尉

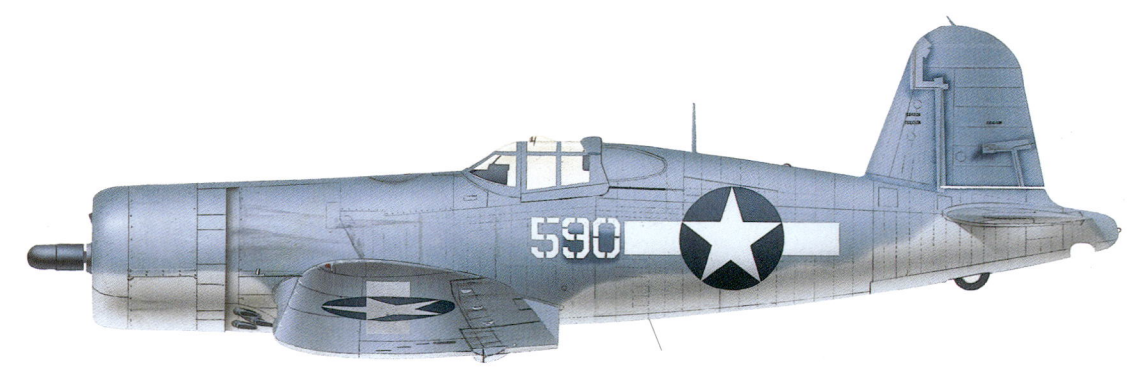

12
F4U-1 「白の590」 BuNo 17590 1944年1月 バラコマ/トロキナ
第215海兵戦闘飛行隊 アーサー・コナント大尉

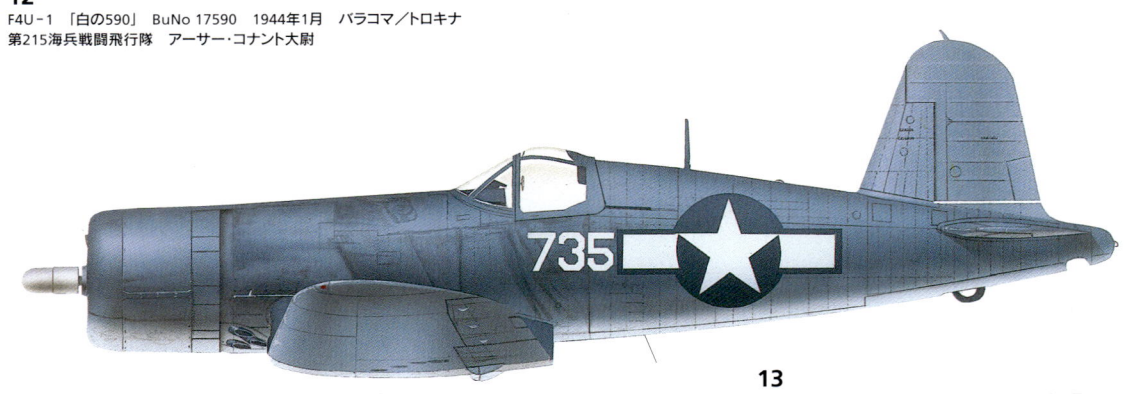

13
F4U-1A 「白の735」 BuNo 17735 1944年1月
バラコマ/トロキナ 第215海兵戦闘飛行隊
アーサー・コナント大尉

14
F4U-1 「白の75」 1943年8月 ムンダ
第215海兵戦闘飛行隊 ロバート・オーエンス・Jr少佐

15
F4U-1 「白の76/Spirit of '76」 BuNo 02714
1943年8月 ムンダ 第215海兵戦闘飛行隊 ロバート・オーエンス・Jr少佐

16
F4U-1A 白の596/BuNo 17596 1944年2月 トロキナ
第215海兵戦闘飛行隊 ロバート・ハンソン中尉

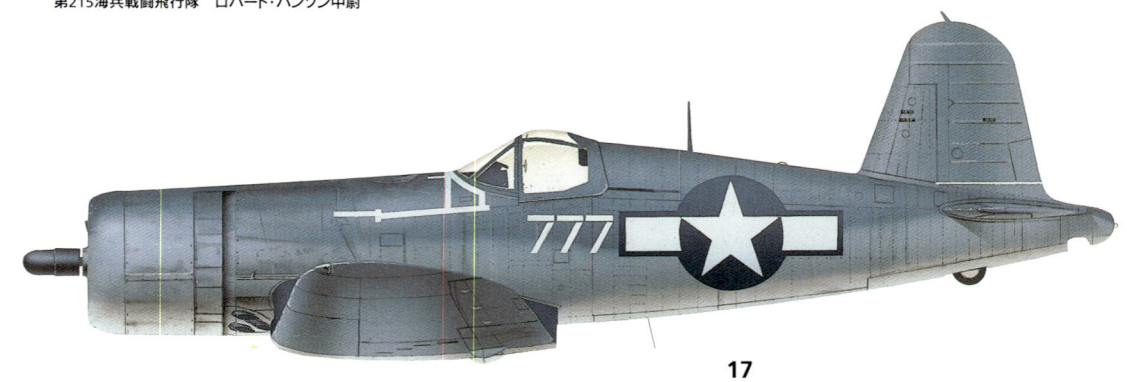

17
F4U-1A 「白の777」 BuNo 17777 1943年11月
ベララベラ 第212海兵戦闘飛行隊 フィリップ・デロング中尉

18
F4U-1A 「白の722A」 BuNo 17722 1943年11月
ベララベラ 第212海兵戦闘飛行隊 フィリップ・デロング中尉

19
F4U-1 「白の576／MARINE'S DREAM」
BuNo 02576 1943年10月 ムンダ 第214海兵戦闘飛行隊 エドウィン・オランダー中尉

20
F4U-1 「白の93」 BuNo 17430　1944年1月
ベララベラ／トロキナ　第214海兵戦闘飛行隊　エドウィン・オランダー大尉

21
F4U-1A 「白の740」 BuNo 17740　1943年12月
ベララベラ　第214海兵戦闘飛行隊長
グレゴリー・ボイントン少佐

22
F4U-1A 「白の883」 BuNo 17883　1943年12月
ベララベラ　第214海兵戦闘飛行隊長
グレゴリー・ボイントン少佐

23
F4U-1A 「白の86／Lulubelle」 BuNo 18086
1943年12月　ベララベラ　第214海兵戦闘飛行隊長　グレゴリー・ボイントン少佐

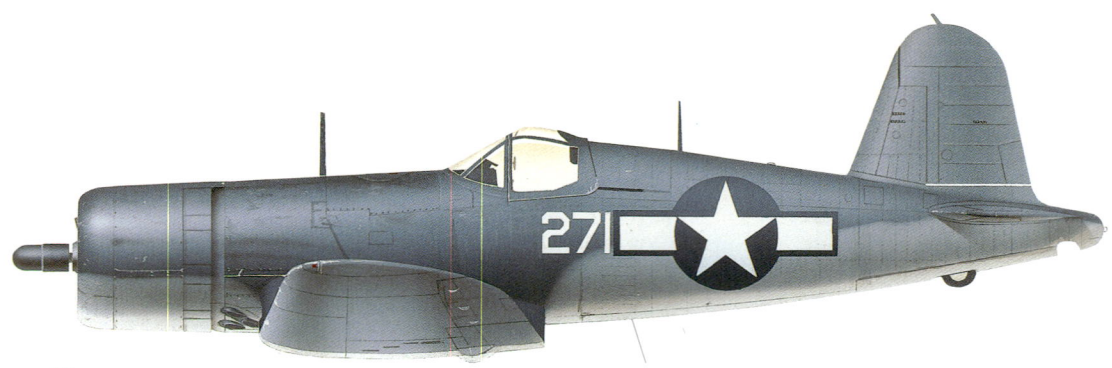

24
FG-1A 「白の271」 BuNo 13271 1944年1月
ブーゲンビル　第211海兵戦闘飛行隊　ジュリアス・アイルランド少佐

25
F4U-1 「白の17-F-13」 1943年8月　空母バンカーヒル
第17戦闘飛行隊　ジェイムズ・ハルフォード中尉

26
F4U-1A 「白の1／BIG HOG」 BuNo 17649
1943年11月　オンドンガ
第17戦闘飛行隊　ジョン・ブラックバーン少佐

27
F4U-1A 「白の19」 1943年11月　オンドンガ
第17戦闘飛行隊　ポール・コードレー大尉

28
F4U-1A 「白の15」 1944年2月　オンドンガ
第17戦闘飛行隊　ダニエル・カニンガム中尉

29
F4U-1A 「白の9／LONESOME POLECAT」
1944年1月　オンドンガ
第17戦闘飛行隊　マール・ダヴェンポート大尉

30
F4U-1A 「白の34／L. A. CITY LIMITS」　BuNo 17932
1943年11月　オンドンガ　第17戦闘飛行隊　ドリス・フリーマン中尉

31
F4U-1A 「白の29」 1944年1月　ブーゲンビル
第17戦闘飛行隊　アイラ・ケプフォード中尉

33
F4U-1 「白の9」 BuNo 02288 1943年6月
ガダルカナル 第213海兵戦闘飛行隊長 グレゴリー・ワイセンバーガー少佐

32
F4U-1A 「白の29」 1944年1月 ブーゲンビル
第17戦闘飛行隊 アイラ・ケプフォード中尉

34
F4U-1A 「白の17」 BuNo 18005 1944年3月
ブーゲンビル 第17戦闘飛行隊 ロジャー・ヘドリック少佐

35
F4U-1A 「白の25」 1944年5月 ブーゲンビル
第17戦闘飛行隊 ハリー・マーチ・Jr大尉

36
F4U-1A 「白の8」 1944年1月 ブーゲンビル
第17戦闘飛行隊 アール・メイ中尉

37
F4U-1A 「白の22」 1944年2月 ブーゲンビル
第17戦闘飛行隊　ジョン・スミス少尉

38
F4U-1A 「白の3」　1944年2月　第17戦闘飛行隊
フレデリック・ストレイグ少尉

39
F4U-1A 「白の5」　BuNo 17656　1944年2月
第17戦闘飛行隊　ブーゲンビル　トーマス・キルファー中尉

40
F4U-2 「黒の212／Midnite Cocktail」 1944年4月
サイパン　第532海兵夜間戦闘飛行隊　ハワード・ボルマン大尉

41
FG-1A 「黄の056／Mary」 BuNo 14056 1944年11月
ペリリュー フランシス・ピアス・Jr大尉

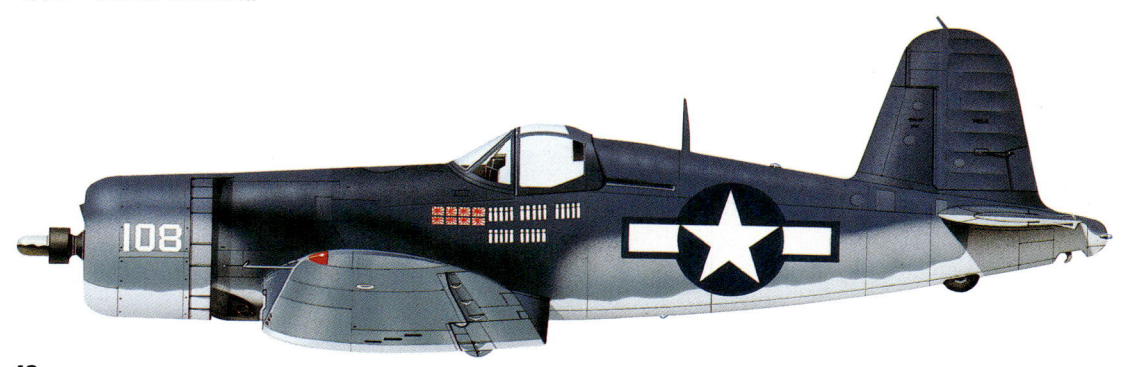

42
F4U-1A 「白の108」 1943年11月 ガダルカナル
第111海兵戦闘飛行隊 ジョージ・ホロウェル少佐

43
F4U-1A 「黒の77」 NZ5277 1945年 ソロモン
ニュージーランド空軍

44
F4U-1A 「白の122」 1944年 ギルバート諸島
第111海兵戦闘飛行隊

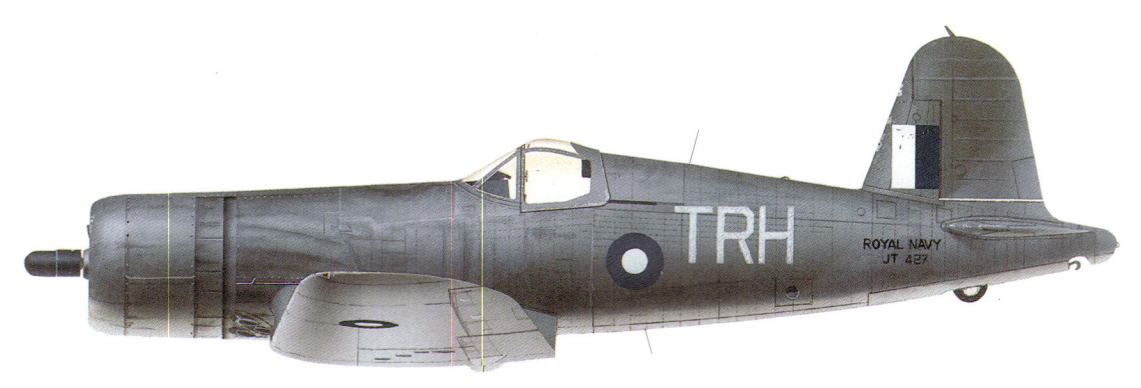

45
コルセアⅡ 「白のTRH」 JT427 1945年1月
空母ビクトリアス イギリス海兵隊第47航空団 ロナルド・ヘイ少佐

46
コルセアⅡ 「白のT8H」 JT410 1945年1月
空母ビクトリアス イギリス海軍第1836飛行隊 ドナルド・シェパード中尉

47
F4U-1D 「白の1」 1945年2月 空母ベニントン
第112海兵戦闘飛行隊 ハーマン・ハンセン・Jr少佐

48
F4U-1D 「白の167」 BuNo 57803 1945年2月
空母バンカーヒル 第84戦闘飛行隊 ロジャー・ヘドリック少佐

49
F4U-1D 「白の184」 1945年2月 空母バンカーヒル
第84戦闘飛行隊　ウイリス・レイニー大尉

50
F4U-1D 「白の66」 1945年4月 空母イントレピッド
第10戦闘飛行隊　アルフレッド・ラーチ少尉

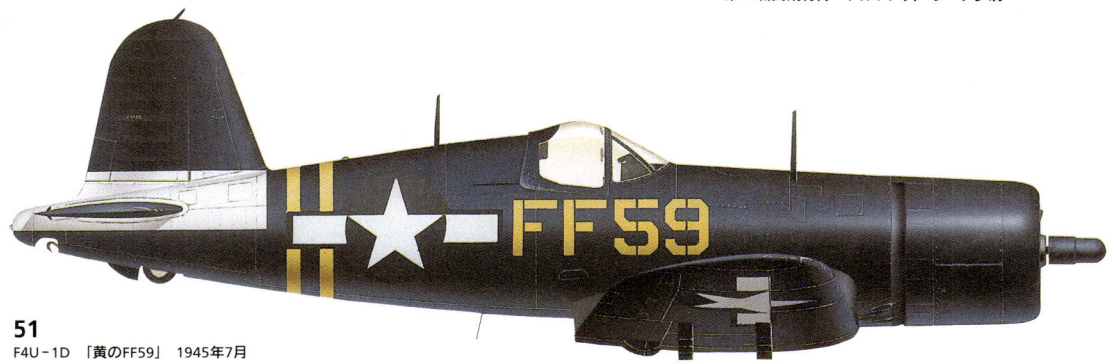

51
F4U-1D 「黄のFF59」 1945年7月
空母ケープグロースター　第351海兵戦闘飛行隊長　ドナルド・ヨスト少佐

52
F4U-1D 「白の6」 1944年12月 空母シャングリラ
第85戦闘飛行隊　ジョー・ロビンズ大尉

53
F4U-1C 「白の11」 1945年5月 空母シャングリラ
第85戦闘飛行隊 ジョー・ロビンズ大尉

54
F4U-1D 「白の51」 1945年5月 沖縄
第323海兵戦闘飛行隊 ロバート・ウェイド中尉

55
F4U-1D 「白の48」 BuNo 57413
1944年10月～1945年3月 エスピリツサント
第323海兵戦闘飛行隊 ジャック・ブローリング中尉

56
F4U-1D 「白の31」 1945年5月 沖縄
第323海兵戦闘飛行隊 フランシス・テリル中尉

57
F4U-1D 「白の26」 1945年4月 沖縄
第323海兵戦闘飛行隊 ジェリマイア・オキーフ中尉

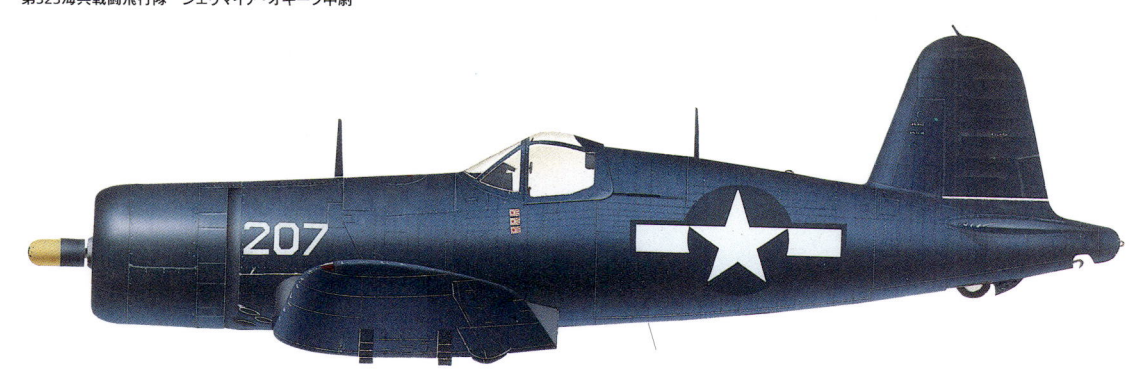

58
F4U-1D 「白の207」 1945年5月 沖縄
第224海兵戦闘飛行隊 マーヴィン・ブリストウ少尉

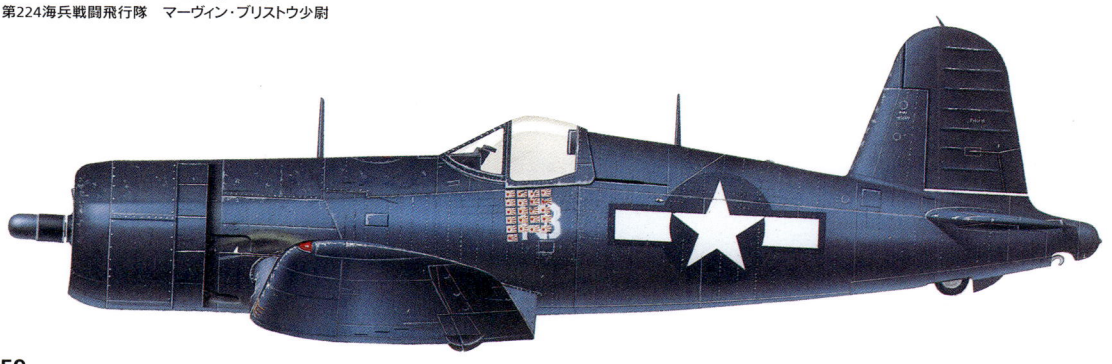

59
F4U-4 「白の13」 BuNo 80879 1945年6月 沖縄
第222海兵戦闘飛行隊 ケネス・ウォルシュ大尉

60
F4U-1D 「白のF107」 1944年 ノースカロライナ州チェリーポイント海兵隊航空基地
第913海兵戦闘飛行隊 フィリップ・デロング中尉

パイロットの軍装
figure plates

3
グレゴリー・「パピー」・ボイントン少佐
1943年12月　ベララベラ
第214海兵戦闘飛行隊長

2
ハロルド・スピアーズ大尉
1943年12月　ブーゲンビル
第215海兵戦闘飛行隊

1
アーサー・「ログ」・コナント大尉
1944年1月　トロキナ
第215海兵戦闘飛行隊

4
ジョン・ボルト・Jr中尉　1944年　ベララベラ
第214海兵戦闘飛行隊

6
ハリー・「ダーティーエディー」・マーチ・Jr中尉
1945年5月　ブーゲンビル

5
ロニー・ヘイ少佐　1945年　空母ビクトリアス
イギリス海兵隊　第47戦闘航空団

51

33頁下と同じF4U-1、No 590だが、時期が早かったためか、ムンダでの撮影である。現地塗装らしい三色迷彩と、これも現地で追加したらしい国籍マーク両サイドの白帯が鮮明だ。初期のバードケージキャノピー型コルセアのほとんどに共通する、キャノピー最後部を取り巻く細い透明部分が、この機体にはなぜか欠けている。アンテナマストも初期のコルセアに共通の、操縦席前方に固定された長めのタイプではなく短めで、しかも位置が操縦席後方になっている。(via Jim Sullivan)

個々の小隊(ディヴィジョン)が2機ずつに分かれて前後に距離をとり、しかも絶えずたがいの位置を入れ替えながら飛ぶ方法をとった。もちろん先頭に出たほうが、敵襲にそなえて前方を見張るのである。護衛の当日に隊のF4Uが余った時は、別に独立した小隊を組ませて護衛部隊に追従させた。この小隊のことを我々は『さまよえる護衛』などと呼んでいたが、要するに定位置がなく、どこにいてもいいのである。もちろん前方に出て、正面から爆撃機に向かってくる敵を攻撃してもかまわない。

「ソロモンにきたてのころ私の飛行時間はまだ250時間そこそこで、ウイングマンがつとまるかどうかの境目だった。それでボブのウイングマンに指名されると、何がなんでも10フィート(3m)に近づいて飛ぼうと決心して、必死で努力した。ところがそれはどうにかできたがそれが精一杯で、先頭に立った彼が敵機を次々と撃墜しても、私には彼のコルセア以外何も目にはいらないという状況が続いた。それで2人で話し合って、ただくっつくだけではおたがいにメリットがないからもっと離れようということになり、彼が旋回した時に少し近づく程度にした。そのあとカヒリを爆撃するB-24の『さまよえる護衛』になるチャンスがあり、爆撃機のまわりを前へあとへと飛び回っているうちに無事爆撃が終わり、帰途に着いた。すると雲が出てきて、爆撃機は雲にはいったまま出てこない。雲の中ほど安全な場所はないから、もう彼らのことを心配しなくてもいいはずだが、こういう時ボブはどうするのかなと考えながら見ていたら、零戦を見つけて急上昇して追いつき、射撃しはじめた。もちろん私はボブの背後にピッタリついていたが、そこで突然別の零戦が我々の間に飛び込んできて、ボブを狙おうとした。それに照準を合わせるのがいともたやすかったので、私はここぞとばかりに撃ちまくった。この日はこんなふうにして日本戦闘機を2機追い払ったが、そのうちの1機は零戦ではなくて飛燕(トニー)だった」

ロジャー・コナントは写真手前のF4U-1A、No 735、BuNo 17735を操縦して1944年1月18日、零戦を1機撃墜した。この写真はブーゲンビル島で2月に撮影したもので、3色塗装がすっかり汚れ、現地で白帯を追加した国籍マークだけがいやにはっきりしている。(National Archives)

オーエンス:「ラバウル上空でひどい損傷を受け、海面すれすれを飛んで

第三章●ムンダからトロキナへ

基地に帰ろうとしているB-24を助けにいったことがある。ベテランらしいきびきびした動きを見せる零戦が2機、低空に降りて攻撃のチャンスをうかがい、いっぽうB-24のすぐそばには、これも傷ついたのか隠れるようにして飛ぶコルセアが1機いた。上空からかなり速度をつけて降りてきた関係で、私はすぐ1機の零戦の背後につくことができた。すると敵が上げ舵をとるなりそのまま上昇するので、私も上昇して追跡しながら射撃したが、全然命中しない。そのまままっすぐ上昇を続けるうちに操縦がきかなくなって、むこうが先に停止したように見え、こっちも停止状態になった。こうなったら飛行機は為す術がなく、運を天にまかせるしかない。敵が私の横50フィート(15m)のところをずり落ちはじめ、機銃から発射の閃光が見えた。おかしなことだが、必死で射撃しているのだ。こっちも正常な飛行に戻れるかどうか、生きるか死ぬかの瀬戸際だから必死で、笑うどころの騒ぎではなかった。結局のところ敵のうしろにつきながら撃墜できなかったのだから、私としては大失敗で、弁解の余地がない」

コナント:「そのあとボブが雲に向かって上昇し、その中に隠れようとしたので、私も同じく上昇して雲にはいろうとした。すると前方左上に零戦が現れ、私目がけて目茶苦茶に撃ってきた。もうボブは雲の中だったから、私も『この野郎、これから隠れようっていう時に撃つやつがあるか!』と怒鳴りながらまっすぐ雲に逃げ込んだ。少々恥ずかしいが、空戦にはこういう局面もあるのだ」

オーエンス:「今の話とは別の日のことだが、私の隊全員で0.5機を撃墜したと公式に認められたことがある。たしかVF-17と0.5ずつ分け合ったように記憶している。どうしてそんな妙なことになったかというと、その日の任務はニューギニアを発進してラバウル爆撃に向かうB-25の護衛だったが、連絡が悪かったために、我々の離陸が遅れてしまった。当時ソロモンの米軍には『インディアン・トーカーズ』すなわち生粋の先住民語をしゃべる無線通話係が何人かいたが、これは普通の暗号通信だと敵に解読されるおそれがあるので、アメリカ本国の某先住民部族から何人かの先住民を徴発して、こっちへ連れてきて各島に配置し、先住民語でしゃべらせたのだった。なにしろ普通のアメリカ人が聞いても会話の内容が全然わからないくらいだから、日本軍にわかるはずがない。その点は大いに結構だったが、その日に限って人間が寝ていたのか、それとも通信機がおかしくなったのか、とにかく全然連絡なしに、いきなり我々の基地の上空にB-25の大編隊が現れるという事態になった。編隊はトロキナ

ベララベラで記念写真におさまるVMF-215の隊員たち。中央の包帯姿は、1944年1月24日に自分のウイングマンに撃墜され、まだ治療中のボブ・オーエンス。前列左端のロジャー・コナントはかつてのボブのウイングマンで、しかも同じ1月24日に撃墜を記録した人物だが、ボブをラバウルのシンプソン港沖で泳がせた撃墜事件とはまったく無関係である。(Conant Collection)

放棄された隼をバックにポーズをとるVMF-215の隊員たち。隼は日本陸軍で最も数の多い戦闘機だったが、日本陸軍と同海軍の損失記録を照合すると、連合軍側のパイロットが戦争の全期間を通して隼を零戦と見間違え続けた事実がはっきりと浮かび上がる。日本製戦闘機の例に漏れず、隼は極端に運動性がよかったが、武装が貧弱な上にパイロットを守る装甲板を欠き、腕のたつパイロットが操縦しない限り撃墜は容易だった。(Conant Collection)

の基地の上空を一周して、そのまま護衛なしで目的地に向かったからさあ大変、大急ぎでエンジンをかけて離陸しようとしたが、そう簡単には事が運ばない。

「やっと離陸して必死で追いかけ、爆撃機に出会ったが、それはもう彼らがラバウルに爆弾を投下し終わって、帰路についた時だった。空には雲が多かったが、それが切れてポカッと大きな穴があき、まるで円形劇場のように眼下がぐるりと見わたせる場所に出た時、零戦が3機現われた。私がそのうちの1機をつかまえて射撃すると、突然別の零戦が目の前の敵と私の間に割り込んできたので、びっくり仰天してまわりを見回すと、今までうかつにも気づかなかったが、味方の戦闘機40機以上がたった3機の敵に飛びかかろうとしているのだった。これはもう危険なんてもんじゃないと思って、『俺は死にたくないからここからずらかるぞオー』と怒鳴りながら横に退いたら、ちょうど敵の2機が墜落して海に突っ込むところだった。残りの1機はまだ飛んでいたが、哀れにも味方の40機全部に寄ってたかって撃ちまくられ、それでもどうにか水面すれすれまで舞い降りたが、そこで水に突っ込んで大きなしぶきとともに見えなくなった。それから基地に引き上げたがそれからが大変で、誰が最後の1機を撃墜したのか、10人ほどのパイロットが口角泡を飛ばして大論争の末、我が隊と別の隊とで0.5ずつ分け合うことで決着がついたというわけだ」

コナント：「今の話は1944年1月18日のことで、私もボブが護衛したのと同じB-25の編隊に付き添って飛んだ。そして今ボブが話したのとそっくりの場面に出くわしたが、それは今の話とは全然別の、離れた場所で起きたことだった。

「当日はスミティーとナイトと私の3人で編隊を組んで出発した。ラバウルに着いたらB-25が引き返してきたのは、さっきボブが話した通りだ。それから我々3人は零戦3機をとらえ、反対方向に逃げるところを私が射撃すると敵はさらに逃げ、それをスミティーとジェイクのどっちかが追いかけた。次に2番目のやつをつかまえて撃つとまた逃げられ、それをまた仲間2人のどっちかが追った。最後に3機目を射撃すると今度はうまくいって、コクピットに命中した手ごたえがあった。するとその零戦がぐるぐる旋回しはじめたので、私は距離をつめて相手と並んだ。水面から50フィート（15m）あるかないかのきわどい高度で、エンジンが火を噴き、その炎を除けようとパイロットが顔を手で覆っているのがありありと見えた。しかしそれっきりで、海に落ちるところまでは見届けなかった。

「この話はさっきボブが話した3機の零戦の最後とまるでそっくりだが、実は違う。なぜならその場に居合わせたのは我々3機だけで、ほかにコルセアは1機もいなかったからだ。この時つくづく感じたのは、日本人パイロットの力量の変化だった。今回我々は簡単に3機を片づけたが、以前は攻撃するとあっさりかわされてすぐに反撃され、逆にこっちが危なくなるケースが多かった。

VMF-215のトップスコアラー3名。1944年春ブーゲンビルで撮影。左からロバート・ハンソン中尉（撃墜25機、不確実撃墜2機、撃墜したうちの2機がVMF-214在籍時のもの）、ドナルド・アルドリッチ大尉（撃墜20機、不確実撃墜6機）、ハロルド・スピアーズ大尉（撃墜15機、不確実撃墜3機）。(USMC via Pete Mersky)

それがたった半年でこうも弱くなるとは、どういうことなのだろうか。さらに悪いのは、もうみんなやっつけたから帰ろうということになって、ふと上を見上げたら、零戦が5機旋回していたのである。あきらかに彼らは今の戦闘を見たはずで、味方が落とされるところも見ていたに違いない。そして今我々は低空に降りてスピードも落とし、全弾撃ち尽くして丸腰でいる。彼らにとっては絶好の餌食で、それがわからないはずはないのに、じっとして動かない。なんと不甲斐ない連中か！　ともかくそうとわかればもう安心、我々はそこで派手なシザー[※16]をうって悠々と帰途についた」

オーエンス：「私は1944年1月24日に撃墜されてしまった。しかし私の飛行日誌を見ても、その件については空白で何も書いてない。そのわけを説明しよう。

「ロジャー・コナントは、ずいぶん長いこと私のウイングマンをつとめてくれて、そのあと第2分隊（2機）のリーダーに昇格した。それでそのあとのラバウル攻撃の時、私は新人のウイングマンを連れて行った。新人のパイロットというのは普通18か19歳で、もちろん実戦の経験がないから、つきっきりで面倒を見てやる必要がある。この男もその例に漏れずうんと若くて、しかもその日が実戦初参加だったから、私は彼を『おい、坊や！』などと呼んで頭ごなしにあれこれ命令していた。なにしろ私は24歳の立派な年寄り(！)で、威張るだけの資格があったのだ。我々の習慣では、編隊に新人がいたら先頭に立たせるのが普通で、それは不意に攻撃された場合、最後尾が最も危険な場所になるからだった。しかしこの日は敵に襲われる心配がなく、私が先頭に立った。

「ラバウルへの往路は燃料節約のためにエンジンを絞り、また無線封止にきめてあった。ところがしばらくたつとうしろの『坊や』が、禁止したはずの無線を使って、いやにネコ撫で声で『編隊長、申し訳ありません。ついていけないんです。もうちょっとゆっくりお願いできますか？』といってきた。名乗るのを忘れたところを見ると、かなり緊張しているらしい。もちろんこっちは誰かわかっているから、彼のほうを振り向いてうなずき、スロットルを少し戻した。

「我々がTBFまたはSBDを護衛する時は、彼らが目標に向かって急降下する間、上空で大きな弧を描いて警戒しながら待つ。この日はそれと同じことを九九艦爆と零戦が、ラバウルの湾に浮かぶアメリカ艦船を相手にやろうとしていた。反転して急降下にはいる九九艦爆の姿を遠くからチラリと見た我々は、全速で降下を開始した。ところがその途中で、ついさきほど『ついていけません』と泣きをいれたばかりの『坊や』が、あろうことかスロットルレバーをダッシュに一杯に押し付けて突進する私を3回も追い越したのである！

「私は敵爆撃機が爆弾を投下した直後を狙って、背後から射撃するつもりだった。こういう場合、アメリカの戦闘機パイロットなら誰でもそうすると思うが、遅れて取り残された

ひどく損傷した愛機の前に立つVMF-214のハンソン中尉。1943年8月4日撮影のアメリカ海兵隊公式写真で、零戦の20㎜機関砲が命中してこれだけひどくやられたが、ハンソンは結局その零戦を撃墜して目出たい結果に終わったという但し書きがつく。これはハンソンにとって初の撃墜だったが、のちに相手が零戦ではなく、飛燕であったことが判明した。(USMC via Pete Mersky)

やつから片づけるのがいちばん手っ取り早い。ただしその方法は危険を伴うので、注意を要する。私は水平飛行に戻りながらぐるっと回り込んで最後尾のやつを捕まえたが、そこで一瞬とまどった。今まで見たことのない新型機なのだ。その時はBf109だと思ったが、まさかそんなことはあり得ず、あとで飛燕とわかった。スピードはあきらかにこちらのほうが速くて、仲間の陰にかくれようとする相手の後方にぴたりとついたつもりが、少し舵を切りすぎて射撃時間が短くなり、失敗した。続いて敵が旋回するのを追ってこちらも旋回しながら再度射撃したら、今度は片翼が根元から千切れて飛んだ。それを除けようと一杯に舵を切ったら、片翼だけ残った敵がその揚力のためか私と同じ方向にひらりと身をひねるではないか。慌てて反対方向によけた瞬間、ものすごい音がして私の機体が火に包まれた。幸い湾のはずれだったので、パラシュートに身をまかせて水面に降りたら、味方のコルセアがご丁寧にも次から次へと着色マーカーを投下してくれて、おかげで30分と経たずにPBYカタリナが飛んできて拾い上げてくれた。

「基地に帰ったら、私がウイングマンに撃墜されたという噂がもう広がっていた。まさにその通りで、彼は私から離れずにちゃんとついてきて、私が狙った敵機を彼も狙い、そのあげく彼の弾道の中に私が飛び込んだのだ。もちろん彼に私を撃墜する意図などなく、ただ真面目に射撃したのが仇になったにすぎない。この推定が99パーセント正しいという自信はあったが、もし私がその通り話したらそれこそ大騒ぎになるので、黙っていた。そうしたらあれはコナントの仕業だということになってしまったのだ」

コナント：「ボブがウイングマンに撃墜された話は、司令部にまで伝わった。そうしたら以前我々の飛行隊にいたことのあるスタッフが、昔の記憶で『ボブのウイングマンだったらコナントじゃないか！』といいだして、それで私が撃墜の張本人に祭り上げられてしまった、というのがこの物語のオチだ」

「ところで飛燕といえば、ボブは忘れたかもしれないが、ずっと以前にボブと一緒に一回だけ飛燕に遭遇したことがある。キャナル（ガダルカナル）でボブが小隊の先頭に立って飛んでいたとき、前方に飛燕がいたのである。ところが見えたと思った次の瞬間、もうそこにいなかった。誰かよその隊のパイロットに撃墜されたらしいが、あれにはびっくりした。でも敵はもっと驚いたろう。まったく知らないうちに、いきなり撃墜されたんだから！」

訳注
※13：写真説明にある通り、VMF-215は訓練を兼ねて自分たちのF4U-1でハワイからミッドウェイまで2000km余を飛び、そこで3カ月間飛行訓練に励んだ。
※14：米海軍、海兵隊の航空機の製造一貫番号。BuはJ管轄元の海軍航空局Bureau of Aeronauticsの略。
※15：本書の88頁下の写真に見る通り、離陸時には右へ舵を切る。
※16：並進する2機がたがいに相手の方向に舵を切り、相手の進路をカットする動作。

右頁下●VMF-214の隊員たちと歓談する「パピー」・ボイントン。彼はコルセアで撃墜22機、不確実撃墜4機の記録を残し、それ以前にも中国大陸のアメリカ義勇航空群時代に6機を撃墜するなど、目覚ましい戦果をあげた。しかし1944年1月3日、マリオン・カールから借用したコルセアで出撃した際、ニューアイルランド島セントジョージ岬近傍で204および253空の零戦と交戦、ボイントンが3機、彼のウイングマンのジョージ・アシュマンが1機を撃墜したが、最後に2人とも撃墜され、ボイントンは捕虜となって終戦まで抑留された。(via Pete Mersky)

chapter 4
ラバウルを荒らす黒羊の群れ
the 'black sheep' squadron

戦闘を終えて帰還したVMF-214の隊長グレゴリー・ボイントン少佐が、同飛行隊のナンバーツー・エース、クリス・マギー中尉（撃墜9機）に撃墜マークのシールを手渡し、引き換えに野球帽を受け取っているところ。少佐が乗っているのはF4U-1A、No 740、BuNo 17740。VMF-214の隊員は日本機を撃墜すると、大リーグ選手のサイン入り野球帽を送られるきまりになっていた。(USMC)

　第214海兵戦闘飛行隊VMF-214がコルセアを使い出したのは1943年6月のことで、当時の隊長はH・エリス少佐だった。それからすぐこの「黒羊（ブラックシープ）」戦闘飛行隊は、新任の隊長グレゴリー・「パピー（おとうちゃん）」・ボイントン少佐（撃墜28機、うち22機がF4Uによる）とともにソロモン方面に進出し、9名のエースを生んで一躍有名になった。以下はそのひとりエドウィン・オランダー中尉（のち大尉に昇進）による、当時の波乱に満ちた戦闘任務の描写である。中尉はVMF-214にあって2回にわたる前線勤務を経験し、その間に撃墜5，不確実撃墜4の戦果をあげた。

　「私はいわば『非職業軍人』で、真珠湾攻撃の数カ月前に海軍に入隊して操縦訓練を受け、戦闘機パイロットになったが、戦争が終わった1945年の暮れにはもう除隊して普通の生活に戻った。海軍では多くの得難い経験を積み、充実した時間を過ごせたのはありがたかったが、正直なところ生涯軍人でいようと考えたことは一度もない。海軍に入ってすぐペンサコラでひと通りの飛行訓練を受け、それが終わるとジャクソンビルに移動して今度は教官になり、SNJ［※17］で生徒を指導した。私の担当は飛行機が曳航する吹流しを目標にした実弾射撃練習で、一度に6人の生徒を大西洋上に連れ出し、吹流しの前方1000フィート（300m）高めの位置から反転急降下して射撃し、元の位置に戻る訓練を、それこそ何百回も繰り返した。その日の訓練が終わると基地に戻り、ざっと概評を述べてから吹流しをしらべ、誰がどのくらい命中させたかデータをとって、それをもとに議論しながらよりよい飛び方を伝授した。ほかに夜

間編隊飛行とか、ちょっぴりではあったが一対一のドッグファイトも教えた。ただしこの時私が教えた空中格闘技術を、我々は後の実戦では全然使わなかったが、それは零戦を相手に格闘したら絶対負けるからだった。こうして教官をやったおかげで、1943年春に命令が出て南太平洋方面に移動した時は、米軍パイロットが前線に赴く際の平均飛行時間が200時間なのに私は600時間で、誰にも負けないだけの自信をもてた。

「本国から遙々南太平洋に移動して、ニューヘブリデス諸島のエスピリツサント島に着いたら、なにやら待機中のパイロットが大勢いて、私もその仲間入りをさせられた。そのうちにそれが戦死したり、本国送還になったパイロットの穴を埋めるための補充要員のたまり場だとわかったが、ちょうどうまいことにソロモンで進行中の攻撃作戦のため、あらたに1個戦闘飛行隊が新設されることになり、私はそっちに入ることになった。隊長も、かつて中国大陸で義勇航空群に在籍して日本と戦ったグレゴリー・ボイントン少佐（当時）が選ばれ、隊の番号もかつての栄光ある124番がそのまま蘇ることになり、ここ最前線のエスピリツサントに、新進気鋭の飛行隊がひとつ誕生することになった。

「我々はソロモンに移動するまでの数週間、エスピリツで猛訓練に励んだ、といいたいところだが、各パイロットの経験と技量がバラバラで、中にはF4Uの経験がゼロに近い者もいたから、実際はそういう連中の慣熟訓練からはじめなければならなかった。ボイントンは我々を2個あるいは3個小隊（小隊は4機）ずつまとめて訓練飛行に連れ出し、名簿と照合しながら、彼に『配られたカード』の実態がどんなものか、とくと見届けようとしていた。ボイントンは、それ以外の時間は大体において座って我々と話し込むことが多く、あと数週間でいったい何が起きるかを、じっくり話して聞かせてくれた。そして遂に1943年9月早々、我々は北へ548海里（1015km）飛んでガダルカナルに進出し、ブーゲンビル島航空攻撃の一翼をになうことになった。

「VMF-124の隊員は、情報担当士官のフランク・ワルトンと軍医のジム・リームスを入れて全部で28名だった。隊には間接的な仕事を引き受ける人間がいなくて、また隊専用の航空機というものもなかった。我々は2回の前線勤務期間を通じて、終始『よそから借りた』コルセアを、『よそから借りた』整備員に整備してもらいながら飛ばし続けたのである。自分の飛行機がないというのはある意味では便利で、何でもいいから空いている機体を見つけてそれによじ登ればそれでおしまいで、その点は隊長のボイントン少佐といえども同じだった。ソロモンで私が乗ったコルセアはすべて旧式なバードケージ・キャノピーのF4U-1で、窓枠が邪魔で視界があまりよくなかった。

「6週間というもの、ほとんど休みなしに連日ブーゲンビル島攻撃に駆り出され（ニュージョージア島のムンダからの出撃が多かった）、それからエスピリツに退いて休養し、11月に再びソロモンに戻った時は隊員数が40名に増えたが、情報士官と軍医以外の全員がパイロットという構成は変わらなかった。もうブーゲンビルの日本の飛行場からは航空機の姿が消えて、迎撃する日本

ボイントンも彼のウイングマンのロバート・マックラーグも、写真のF4U-1A、No 883、BuNo 17883によく乗った。マックラーグは1943年12月23日、セントジョージ水道上空で零戦を2機撃墜してエースとなり、最終的に撃墜7機、不確実撃墜2機の実績を残してアメリカ本国に転勤、飛行教官となった。(National Archives)

機銃弾の混合比率に革命をもたらした功労者、VMF-214のジョン・ボルト中尉（撃墜6機）。ボルトはそれまでアメリカの戦闘機の標準と考えられていた徹甲弾1、焼夷弾1、曳光弾1の装塡比率が、コクピット背後の防弾装甲板を欠く日本機にはマッチしないと考え、廃棄処分になった機体とガソリンを満たしたドラム缶を使ってエスピリツサントで実弾射撃テストを繰り返した結果、徹甲弾は不要という結論に到達してその旨を提案、まずVMF-214が徹甲弾ゼロ、焼夷弾5～6、曳光弾1の比率を採用し、他の飛行隊もこれに追随した。その結果太平洋戦線では、一時焼夷弾の供給が間に合わなくなって大騒ぎになった。(Bolt Collection)

機もなくなり、島の西側に上陸したアメリカ軍が滑走路を含むかなりの面積を占領してくれたおかげで、我々の次なる目標のラバウルに向かう時は、途中この滑走路に降りて燃料を補給できるようになった。それなのになお我々がブーゲンビル島南のベララベラ島を基地にしていたのは、ブーゲンビルの山岳部に潜む日本軍が夜間に飛行場を砲撃するため、危なくて駐機できなかったのである。

「ブーゲンビルを攻撃する時は、B-24またはSBDドーントレスを護衛していくか、戦闘機だけで機銃掃射して帰ってくるか、ふたつにひとつだった。B-24を護衛する時は、まず遠くの基地を出発した彼らがガダルカナルを経由して我々の基地まで飛んでくる。我々の基地は、目的地がブーゲンビルの時はニュージョージア島のムンダ飛行場、目的地がラバウルに変わってからはブーゲンビル島エンプレスオーガスタ湾沿いの滑走路 [※18] というふうに変化したが、いずれの場合も爆撃機がガダルカナルを通過したという連絡を受けたあと適当に間をおいてから離陸し、上空で待ち構えて彼らに合流した。護衛にあたっては、高度15000フィートから26000フィート（4600〜7900m）にかけて上下に6層の戦闘機編隊を配置し、各編隊の高度もこまかく規定した。さらに目標上空に到達するかあるいは敵戦闘機に迎撃されるまで、任意に行き来して警戒にあたる特別の戦闘機小隊

VMF-214のエドウィン・オランダー大尉。1943年9月中旬から10月末までのごく短い期間に撃墜5機、不確実撃墜4機の戦果をあげ、しかもそれが全機零戦だった。(Olander Collection)

1943年10月17日、エド・オランダーがカヒリ飛行場を攻撃して零戦1機を撃墜した時乗っていたF4U-1、No 576「Marine's Dream（マリーンズ・ドリーム）」、BuNo 02576。12月に入ってトロキナで事故を起こし（オランダーが操縦していたわけではない）、哀れな姿でクレーンに吊り上げられるところ。現地塗装の三色迷彩の上に、BuNoの最後の三桁をとったコード番号が記入されている。国籍マークの白帯（ブルーの縁どりなし）は、あきらかに現地で追加したもの。(USMC)

ニューヘブリデス諸島エスピリツサント島でスクランブル態勢で待機するF4U-1、No 93、BuNo 17340。エド・オランダーはこの機体に乗って1944年1月5日にベララベラ島からトロキナへ飛び、そこを起点に戦闘哨戒飛行を行なった。
(National Archives via Pete Mersky)

1944年1月10日、尾部にひどい損傷を受けてラバウルから帰還したVMF-216のF4U-1A、BuNo 17736の周囲に集まった、心配顔の整備員たち。VMF-216は総計で27.33機の撃墜を果たしたが（全機コルセアによる）、そのほとんどがラバウル攻撃時の戦果だった。(USMC)

スクランブル態勢で待機中だったパイロットが、警報とともにコルセアに向かって駆け出すところ。1943年早々のガダルカナルの風景。バックにおなじみの現地三色迷彩塗装の上に、同じく現地塗装の白帯つき国籍マークをつけたF4U-1、No 68が見える。この機体のバードケージキャノピー最後部の細長い透明部分がテープで塞がれているのは、いかなる理由によるものだろうか。(via Pete Mersky)

1943年12月10日、ブーゲンビル島トロキナ岬に新滑走路がオープンした。写真はその当日、滑走路に沿って並べられたVMF-216のF4U-1とF4U-1A。米海軍建設隊、通称シービー(SEABEE)は、海兵隊がブーゲンビル島エンプレスオーガスタ湾上陸に成功するや、ジャングルを切り開いてあっという間に3本の滑走路を完成させた。日本は「ろ」号作戦を発動して、1943年11月17日まで16日間にわたり激しい抵抗を試みたが、ラバウル基地および残存空母から発進した航空機191機を失うという手痛い損害を蒙った。(USMC)

（4機）を、爆撃機編隊上方にいくつか配置した。この態勢はB-25にも共通で、要するに水平爆撃しかしない爆撃機はみんな同じスタイルで護衛したということだ。

「ではSBDドーントレスの場合はどうするかというと、SBDはラバウルは遠くて無理で、ブーゲンビルしか攻撃できないということはあったが、一応B-24と同じ6階層分散型の護衛を適用した。しかしひとつだけ違いがあり、それはSBDは急降下爆撃機だから当然降下して爆弾を投下するが、その投下した瞬間が最も敵に狙われやすいことを考慮に入れたことだった。もともとスピードが遅く、降下のあとすぐに上昇して高度を取り戻すのも苦手で、味方戦闘機の護衛以外に頼りになるものといったら後席の7.62㎜機銃1挺しかなく、しかもこの機銃を操作する射手たるや、爆弾投下の瞬間は仰向けにひっくり返り、天を仰ぐ姿勢で戦うしかないのである。まったく気の毒としか言い様がなく、だから我々は往きも帰りもこまめに彼らの上を飛び回って精一杯警戒につとめたが、これが正直なところ楽な仕事ではなかった。もちろんVMF-214だけがSBDを護衛するわけではなく、通常4個ないし6個の海兵戦闘飛行隊が合同でこれにあたった。場合によっては海軍の飛行隊のF6Fや、ニュージーランド空軍のP-40が参加することもあった。

1944年2月10日、トロキナ岬で出撃にそなえエンジンをウオームアップするコルセア。アメリカ軍の新設飛行場使用を妨害しようと、3月8日に残存日本軍が飛行場の砲撃を開始し、そのためアメリカ軍はしばらく夜間の駐機を避けていたが、コルセアの昼間猛攻撃で3月24日には砲撃が止んだ。(USMC)

トロキナ岬の飛行場わきの海辺でくつろぐ海兵隊員のむこうを、離陸直後のF4U-1Aが上昇していく。トロキナには海岸寄りに汎用が1本、内陸寄りのピバアンクルに爆撃機用が1本、同じく内陸のピバヨークに戦闘機用が1本、合計3本の滑走路があった。(National Archives via Pete Mersky)

1944年1月20日、ベララベラで惨憺たる姿になった愛機の尾翼を見上げるVMF-212のトーマス・コールズ少佐。ラバウル上空の空戦で、乗っていたF4U-1A(BuNo 17937)の方向舵を吹き飛ばされたが、どうにか機を操って基地に戻り、着陸に成功した。彼は3日後に再び出撃して、デューク・オブ・ヨーク島上空で今度は零戦2機を撃墜、見事恨みを晴らした。VMF-212はF4FとF4Uで総計127.5機におよぶ日本機を撃墜したが、そのうちの2機を除き、すべてが南西太平洋つまりソロモンにおける戦果だった。(USMC)

「さて話変わって、何が面白いといって、敵飛行場上空を飛んで相手を誘い出す戦闘機掃討(ファイタースイープ)ほど痛快なものはない。まさに『血沸き肉踊る』決闘になることが多いから、こたえられないのだ。機銃掃射はやや格が落ちるから別にして、そもそも戦闘機というものは、空中戦と、それからこのファイタースイープのためにつくられたものだ、といっても間違いではないと思う。ファイタースイープという言葉で私が連想するのは、子供のころよくやった隣村のガキどもとの決闘の場面だ。棒切れをかついだ隣村のガキ大将が、気取った格好で夕暮れの学校の校庭にのっしのっしと入ってきてズイとあたりを見回し、物陰にひそんでいる地元のガキどもを意識しながら『おい、いっちょうやろうじゃねえか』と宣戦布告する、あの瞬間である。ボイントン少佐は我々を引き連れてしばしばスイープに出掛けたが、敵の戦闘機が飛び上がってこないと見ると、無線を使って侮辱的な言葉を投げ付け、相手を誘った。するとほとんどかならず敵が飛び上がってきて、ものすごい、それこそ筆舌に尽くし難い一対一の決闘になるのだった。もう日本の補給線が完全に伸び切って、失った飛行機とパイロットの補充ができない状態が続いていたが、それをさらに悪化させるのが我々の仕事であり、そのためにラバウルに行くのだった。ラバウル飛行場のあるニューブリテン島は、アメリカでいえば真珠湾のあるオアフ島

に相当する、日本が南太平洋に築いた一大拠点で、だからかつては我々が近づくと、かならず島の4ヵ所の飛行場から日本機が迎撃に飛び上がってきたものだった。そして彼らの真剣な防衛ぶりが、これらの基地を失えば日本の致命的な痛手となることを、明瞭に物語っていた。

「しかしそのボイントンも、1944年1月はじめ、不運にもラバウルに近いセントジョージ水道で撃墜されて捕虜となり、終戦まで抑留されることとなった。ボイントンなきあと我々は再度エスピリツサントに戻り、隊はそこで解散した(その後VMF-214はアメリカ本国で再度復活した)。私はほかの『黒羊』パイロットともどもラバウル東方のグリーン諸島を基地とするVMF-211に移り、そこで次の前線勤務に励んだが、もうその時期には空戦は皆無で、哨戒飛行中に時たまニューアイルランド島や、ラバウル飛行場のあるニューブリテン島の北端で、残存日本兵から対空砲火を浴びせられるほかは、ただただ退屈な勤務の連続だった。

「最後に『パピー』ボイントン少佐について、少し突っ込んだ感想を述べさせてもらいたい。我々隊員は、面と向かっても少佐をグレッグ、隊長さん、おじいちゃまなどと平気で呼んでいたが、彼はそのどれに対しても少しもいやな顔をせずに、まじめにきちんと応対してくれた。私が思うに、一国が存亡の危機に立った時に強力な指導者が現れて人々をたばね、導き、国を危難から救うと言い伝えられているが、グレッグ・ボイントンはまさにそういうたぐいの人物だった。彼はVMF-214の最終的に50人まで膨らんだ隊員すべてに精気を吹き込み、うぬぼれを含め、我々が自らに期待するレベルを遥かに超えた大きな力を引きだしたのである。それだけではない。たがいの協力によって、

上左●自分のコルセアの前でポーズをとるVMF-221のハロルド・シーガル中尉。1943年7月17日、ラッセル島で撮影。この時点における彼の記録はまだ撃墜5機で、その後7機を追加して合計12機としたが、最後の2機は1944年1月24日にVMF-211に移籍したあと達成した。VMF-221と-211は、総合でそれぞれ155機と91.5機の撃墜記録を残した。
(USMC via Pete Mersky)

上右●VMF-221のジェイムズ・スウェット大尉は、1943年4月7日、ワイルドキャットに搭乗、2時間足らずの間に九九艦爆7機を撃墜し、その後F4Uに乗り換えてからさらに8.5機を追加、合計15.5機を撃墜する輝かしい戦果をあげ、議会名誉勲章を授与された。
(USMC via Pete Mersky)

ひどく損傷してボロボロになった乗機の尾翼に腰をおろしたあとも、なお苦笑いがとまらないVMF-221のドナルド・バルク大尉。バルクは大戦中一貫してVMF-221に在籍し、ソロモン方面で2機、空母バンカーヒルに乗り組んでから3機を撃墜した。以下は大尉の談話である。

「1943年7月6日、我々はいくつかの小隊に分かれてラッセル島を離陸、ニュージョージア島上空にさしかかった時数機の零戦に襲われたが、こちらは迎撃体制を整えていたから、各小隊がそれぞれ異なる方角から応戦して、たちまち相手を圧倒した。私は零戦を1機追跡して撃墜し、我ながら天晴れといい気分で仲間をさがしながら飛んでいたら、突然大音響とともに目の前の計器が壊れ、キャノピーの一部が吹き飛んだ。すぐさま左ヘスプリットSを打って(ロールしてダイブ)6000フィートまで一気に降下したが、私を攻撃した敵の姿は見えずじまいだった。やがて離ればなれになっていた私のウイングマンが現れ、付き添ってくれたが、無線機が壊れて通話ができない。しかし彼がしきりと私の機の後部を指さすので、ははあ尾翼がやられたなとわかった。それから基地に向かい、脚を下ろし、フラップを出すまではできたが、最後の瞬間に引き起こしができないことがわかり、反射的にエンジンを切ったら滑走路に叩きつけられた。着陸後の調査で、操縦索に被弾して半分切れかかっていたのが、フレアーの瞬間に切断したものとわかった」(Balch Collection)

出撃の直前エンジン始動に取りかかるVMF-222のF4U-1、No 465。時期が1944年で、場所がブーゲンビル島とラバウルの中間に位置するグリーン島の基地だから、ソロモンから日本の戦闘機が一掃されたあとであろう。VMF-222は南西太平洋方面で50機を撃墜、その後フィリピンを経て1945年5月22日に沖縄に進出し、3機の戦果を追加した。
(via Jim Sullivan)

さらにその力が何倍にも増えることを教えてくれたのも当のボイントンだった。彼はどちらかといえば野人タイプで、ウイスキーを頻繁に、しかも度を超えてガブ飲みする傾向があったし、端正な海軍士官というイメージからはほど遠く、またけっして紳士とはいえなかった。しかし彼はともに戦う我々を心から愛し、我々を支えてくれた。日ごとの戦闘で、彼ほど豊かなリーダーシップを発揮した人間は、ほかに誰もいなかったと私は確信している。彼にとって唯一の不幸は、はっきりいって、彼のもつ力に相応する地位に昇進させられなかったことだったと私は思っている。私は人生の絶頂期にあったグレッグ・ボイントンとつきあうことができたことを、心から喜ぶものである」

訳注
※17：ノースアメリカン・テキサン練習機の海軍版。
※18：すなわちトロキナ。

1944年3月、ニューヘブリデス諸島エスピリツサント島上空を飛ぶF4U-1Aの編隊。バックに見事な積乱雲が並ぶ。(USMC)

chapter 5

アメリカ海軍のコルセア
US navy corsairs

　1942年10月、「ジャンピングジョー」・クリフトン大尉指揮のVF-12が、アメリカ海軍初のF4U-1保有飛行隊として名乗りをあげたが、まだパイロットの訓練が終わらないうちに、F4Uのその後の運命を左右する重大な問題が表面化した。空母サンガモン上で実施された適性試験で、F4Uが艦上機としては不適格であると判定されてしまったのである。問題は空母への着艦ならびに空母甲板上でのタキシングに際しての操作性にあった。着艦アプローチ中にいわゆるトルクストールを起こして右翼が急に下がる傾向があること[※19]、主脚のオレオが硬いためタッチダウン時に機体が跳ね上がること、それと初期のバードケージ型キャノピーの視界の悪さに加えて、カウルフラップの油圧作動シリンダーから漏れるオイルが視野の妨げになることが問題だった。すぐにメーカーのチャンス・ヴォート社が、全力を挙げて問題の早期解決に取り組みはじめた。

　その後これらの問題が解決して1943年4月、サラトガ上で行なわれた飛行隊としての空母運用資格判定テストに、VF-12はコルセアを使ってめでたく合格した。ところがその後正規の空母飛行隊として太平洋方面へ派遣される段階になって、VF-12はせっかく慣れ親しんだF4Uを捨て、グラマンF6Fヘルキャットに乗り換えてしまったのであった。それは海軍が推進した政策に原因があり、空母所属戦闘飛行隊の戦闘機と、それに必要な補給部品の供給体制が、その時点までにF6Fただ一

1942年の暮れ、アメリカ本国で訓練中のVF-12のF4U-1。コルセアの最も初期のモデルである。(via Phil Jarrett)

着艦直後に移動のためクレーンで吊上げられるVF-17のF4U-1コルセア、17-F-13。同飛行隊が空母運用資格取得のため訓練航海中のシーン。この機体は最新の三色迷彩が施されてはいるが、国籍マークは古いスタイルのままで白帯がない。撃墜マークが4個描いてあるが、これはかつてガダルカナルの飛行場が完成した直後に、ジェイムズ・ハルフォード中尉がF4Fワイルドキャットで達成した記録に敬意を表して描かれたもの。ハルフォードはこの戦果のあと疲労が原因でVF-17を離れ、コルセアによる自己の記録の更新はならなかった。(via Jim Sullivan)

1943年8月、空母バンカーヒル上で着艦に失敗して転覆したVF-17のF4U-1、17-F-24。初期のコルセア、わけてもバードケージキャノピー型は空母への着艦が難しかったが、VF-12と-17はそれを克服して、このタイプで空母飛行隊の資格を取得した。特にVF-17はコルセアの主脚のオレオを改良して、タッチダウン時の跳ね上がりを抑えたことで知られる。しかし皮肉なことに、その後VF-12はF4UからF6Fヘルキャットに機種転換し、またVF-17も陸上基地に移動したため、彼らのコルセアは空母上で実戦を経験するチャンスを逃すことになった。
(via Jim Sullivan)

VF-17の隊長ジョン・ブラックバーン中佐は、1943年11月11日に4機目の撃墜を果たした。写真はその戦果を祝して中佐のF4U-1A, No 1「BIG HOG（ビッグ・ホッグ）」、BuNo 17629の前で記念写真におさまるVF-17の面々。左からワートン、ガトンハースト、マーチ・Jr（撃墜5機）、ブラックバーン、ハーマン（軍医）、テイラー、それと氏名不詳の整備員2名。中佐の機体には4個の撃墜マークと、あとコクピットの右下にあて板で弾痕を塞いだ跡が4個あるが、後者の弾痕こそは本文にも登場する副長ロジャー・ヘドリック中佐による、ブラックバーン機を零戦と勘違いした一瞬の誤射の名残である。(via Pete Mersky)

色に統一され、コルセアの入り込む余地がなくなっていたのである。そのいっぽうで、こうした事情を背景に、艦隊コルセア飛行隊の3番手に予定されていたVF-17「ジョリーロジャーズ」[※20]が、機種転換はせずに、陸上基地から運用するコルセア飛行隊に転換することになった。それならこのVF-17が、アメリカ海軍初のコルセア飛行隊になる栄誉を担ってもよさそうなものだが、そうならなかったのは、F4U-2[※21]を保有して9月11日からソロモンのムンダ基地で活動を開始した「ガス」・ウイドヘルム少佐指揮の夜間戦闘飛行隊VF(N)-75にタッチの差で先を越されたからだった。

　VF(N)-75はその任務の特殊性もあって、パイロットがたったの6人ということに可愛らしい飛行隊だったが、以前SBDドーントレスに乗っていたウイドヘルムを含み、ほぼ全員が2000時間のフライトタイムと最小1回の前線勤務経験をもつ、なかなか手強いプロ集団だった。海軍はこのVF(N)-75を早急に一人前の規模にまで拡大したい考えをもっていたが、F4U-2に搭載するレーダーシステムの生産が手作業のためいっこうにはかどらず、当面は静観するしかなかった。

　トム・ブラックバーン少佐（撃墜11機）指揮のVF-17のほうは、スタートでは2番手に落ちたものの、扱うF4U-1が標準型のため至極順調に準備が進んで、1943年10月27日には早くもニュージョージア島のオンドンガ基地に展開を終えた。彼らはその後ソロモン戦線で79日間のうちに敵154機を撃墜する驚異的な記録を樹立し、一躍その名を知られることになるが、以下は同飛行隊のロジャー・ヘドリック少佐（撃墜12機）による戦闘の描写である。ヘドリックは1936年に飛行学校を卒業、いくつもの戦闘飛行隊で前線勤務を経験してから、1943年早々VF-17創設と同時にブラックバーンにより副長に指名され、以後「ログ」のニックネームで全隊員に親しまれつつ、終戦まで隊にとどまるのである。

　「我々は1943年9月、空母バンカーヒルに搭乗してノーフォークを出港、初期のF4U-1バードケージ・コルセアで飛行訓練に励みながら空母運用資格試験に合格して、空母航空群司令官以下の上層部をいたく喜ばせた。その後新型のF4U-1Aを受領したが、すっかり改良されて、バードケ

F4U-1A、No 17、BuNo 18005の操縦席でゆとりを見せるVF-17の副長、ロジャー・ヘドリック少佐。前頁下の写真の説明ではすっかり悪者扱いされた中佐だが、VF-17在籍中に3機の異なるNo 17を使いこなして総計9機を撃墜、しかも全機が零戦という偉業を成し遂げた。撃墜の経緯は最初の3機が1943年11月1、11、17日で、機体はF4U-1A（BuNo 17659）、次の3機が1944年1月26、28、30日で機体はBuNo 55798、最後の3機が2月18日ただ一日で、機体は写真のF4U-1Aだった。(Hedrick Collection)

再びヘドリックで、機体はNo 17、BuNo 18005。胴体に描かれた「髑髏と大腿骨」の海賊マークは、たしかにヘドリックが所属したVF-17の部隊マークには違いないが、じつは人目を惹くためにあとからネガフィルムに描き込んだもので、実際にあったものではない。でも機体のエンジンカウリングには、たしかにこのマークが小さくはあるが描いてあった［カラー塗装図34を参照］。(Hedrick Collection)

ージに比べると隔世の感があった。バードケージは座席が極端に低い上に窓枠が多く、12フィート（3.7m）もある長いノーズの向こうで誰かが旗を振っても全然見えないほど視界が悪かったが、F4U-1Aにはその心配がなかった。そのF4U-1Aで再び洋上に出て飛んでいるところへ、ソロモン航空軍司令部ComAirSolの管轄下にある陸上基地に展開せよという命令が届き、一同すっかり気落ちしてしまった。我々は、チャンス・ヴォート社と協力してコルセアを一人前の艦上戦闘機に育て上げたのは自分たちだと自負していたからだ。それがなぜソロモン行きに結びついたのか、その時は誰も教えてくれなかったが、もし機動部隊所属のコルセア飛行隊というかたちのままいくと、我々が先頭を切るわけだから、スペアパーツの補給が行き届かないだけならまだしも、パーツなど何も無い状況にぶつかること必定だったのである。たとえば着艦でタイヤがパンクしたらそれでおしまいで、交換するタイヤがないだろうし、何かの都合でよその空母に着艦する羽目になったら、それこそスペアパーツはゼロなのだった。しかしソロモンなら、すでに2月から海兵隊がコルセアを持ち込んで活動しているので、パーツの心配はないというわけだった。

「そういう次第で我々は真っすぐソロモンに向かい、最初がガダルカナル島の北西150マイル（240km）のニュージョージア島オンドンガ飛行場、次がブーゲンビル島と順次北上しながら、もっぱらラバウル攻撃に精を出した。私がはじめて敵機を撃墜したのは1943年11月1日、ブーゲンビル島エンプレスオーガスタ湾の上陸作戦を支援した時だった。1300時に現地でトミー・ブラックバーン少佐の編隊と交代して上陸部隊の上空警戒にあたるべく、8機でオンドンガを離陸してしばらくすると、ブーゲンビルの戦闘機レーダー管制官の日本機来襲を告げる声が聞こえてきた。さてはと速度を上げて上昇に移ろうとした矢先に、私のコルセアの発電機が故障した。やむを得ずバッテリー節約のため無線を切り、そのままブーゲンビル島南端に高度20000フィート（6100m）で接近すると、島の向こう側のブカ島の方向に小さな点が3個見えた。ブカには日本軍の飛行場があり、友軍機がそちらの方角から飛んでくることは考えられないので、まず日本機に間違いなかった。こうなれば彼らより高度をとるのが先決だから、ラバウルの方角に輝く太陽に向かって上昇を開始したが、敵はこちらに気づいていないらしい。これなら降下して攻撃をかけられると確信して、無線の代わりに翼を振り、編隊に攻撃準備を指示した。私は機銃が心配だった。電圧が下がって、全部いっぺんに発射できない可能性があったからだ。そこで外側の2挺の電気回線を切り、それでもまだ一抹の不安があったが、その先は考えないことにした。さあいよいよ敵との遭遇だ。私は先頭を飛んでいたので、次第に近づく敵機がよく見えた。赤い丸も見える。もう日本機に間違いなかった。降下しながら、先頭のリーダーに狙いをつけた。

「我々はふだん銃弾が900フィート（270m）先で収束するように機銃を調整する。ちょうどその距離になったかどうかは、零戦の主翼の端から端までが照準器の50ミルの円にぴったり収まるかどうかで判断できる[※22]。慎重にその瞬間を待って、燃料タンクが内臓されている敵の主翼の付け根部分を狙い、およそ2秒から4秒発射ボタンを押し続けた。この手順はこのあとそのまま私の習慣として定着し、何回も繰り返すことになるのだが、この最初の射撃は特に見事に命中して、相手の零戦はまるで松明に点火したみたいに簡単に燃え上がった。するとまるでそれが合図のように、他の2機は反転して海面目が

けて急降下に入った。彼らがそのままブラックバーン少佐の編隊に接近するとまずいので、我々全員で追跡にかかったが、勝負はそこまでで逃げられてしまった。

「この初撃墜の1週間あとに、レーダー管制官の指示に従って、爆撃機の大群と29機の護衛戦闘機から成る敵の大集団を迎え撃った。この日はふだん頼りないレーダーが珍しく的確に反応して、これが本来のあり方かと私も認識をあらたにした。最初5機を引き連れてエンプレスオーガスタ湾上空の守りについたこと、相手と遭遇してから高度を上げたこと、3機編隊を単位にした敵の集団が我々に気づいた様子がなかったこと、どれもが前回とまったく

密集編隊で飛ぶVF-17のF4U-1A。いちばん手前がアイラ・ケプフォード中尉(撃墜16機)、次のNo 8がアール・メイ中尉(撃墜8機)、その向こうのNo 3がフレデリック・ストレイグ中尉(撃墜5機)。この3機はいずれも棒状のアンテナマストがなく、代わりに細いホイップアンテナがついている。(Chance Vought)

同じだった。『よし、F4Uがどんなに素晴らしいか見せてやるぞ』と思いながら降下して敵編隊を突っ切ったら、敵がパッと散開してふたつの防御円陣を組んだので、驚いたというよりあきれてしまった。たしかに日本機は低空ではコルセアより上昇性能がいいから、単純に散開して円陣をつくる気持ちがわからないでもないが、この円陣は、第一次大戦のアメリカ人初のエース、ラウール・ラフベリー少佐(撃墜17機)考案の空戦戦術といえば聞こえはいいが、攻撃をあきらめて百パーセント防御に回った時の隊形にすぎない。だから我々がこの円陣を数回突っ切ると、彼らは耐えられずにすぐバラバラになり、あとはこちらの6機が敵全機を追い回すかたちになって、敵は1機また1機と墜落していった。私は何機かの敵と正面からの撃ち合いになり、1機につき数回の割合で向き合っただろうか、そのつど手応えがあり、エンジンが破片となって飛び散るのを何回も見た。なぜかいつも2気筒が束になって私の横をすり抜けていったこと、不思議なことに敵機の主翼からもエンジンのまわりからも発射の閃光が見えなかったことを覚えている。結局敵は我々の執拗な追跡を逃れてラバウルの方向に引き返し、我々も基地に帰った。

愛機F4U-1A、No 9の前に立つマール・「ブッチ」・ダベンポート大尉(左側)。大尉が1944年2月、5機目の零戦を撃墜した直後の撮影で、場所はブーゲンビル。撃墜マークが4個しか見えないが、1個が隠れているだけだから安心されたい。大尉は1943年11月6日に一式陸攻を協同撃墜(0.25ポイント)、1944年1月21日と30日にそれぞれ零戦を2機撃墜、それから上記の2月の1機、そして最後に期日不明だが零戦1機を追加して、総計6.25機撃墜を果たした。(Killefer Collection)

「11月11日に、今度は空母3隻から成る機動部隊の、ラバウル攻撃の援護に出動した。前夜のうちに、重量軽減のためオンドンガ到着以来取り外したままにしてあった着艦フックを取り付け、夜明け前に離陸した。空母が、ラバウル飛行場とシンプソン港の敵艦船を目標とする攻撃グループの発進に追われる間、その上空で哨戒にあたるのが我々の任務である。この日はやや雲が厚く、機動部隊の位置がわかってはいたものの、万一見逃したらとやや焦りを感じながら、無線封止を一度も破ることなく0900時に接触に成功した。攻撃部隊が発進を終えるまで待ってから、空母から上がってきたヘルキャットに下駄を預け、我々VF-17は空母に分散して着艦した。私は編隊の半分と一緒に機動部隊司令官の座乗するエセックスに向かい、トミー・ブラックバーンが残り半分とともに懐かしのバンカー・ヒルに降りた。

「1300時、敵の接近にタイミングを合わせて艦を離れる。敵はラバウルから飛来した大集団だったが、味方機の奮戦で敵攻撃機は空母には近づけなかった。私もかなり長時間乱闘に巻き込まれ、そのあとウイングマンとともにラバウルへ単機で帰投する零戦の追跡にかかったが、この零戦のパイロットがなかなかの腕達者で、こちらの射程範囲にはいりそうになると雲に逃げ込み、出てきたらつかまえてやろうと我々が雲のそとで待ち受けるシーソーゲームを何回繰り返したろうか。もういい加減に片をつけてやる、と思ったところへうっすらと機影が見え、ちょうど見越し射撃の限界の位置だったので即座に引き金を引いたら、次の瞬間それがF4Uだと気づいた。アッと思って引き金にかけた指を浮かせたが、先方に被害を与えたかどうか、さだかでない。それからおたがい合流の合図をして接近したら、「1」の番号と尾翼の「BIG HOG」の字が目にはいった。なんと、我が隊長機ではないか！

「それからオンドンガに帰る途中、燃料補給のために1回着陸した。その前に空中でブラックバーンと当然無線で会話を交わしたはずだが、どういうわけかそれは全然覚えていない。覚えているのは、着陸してから彼が自分のコルセアの胴体に開いた穴を指差していった言葉だけだ。彼はこう言ったのである。『おいロジャーよ、お前おそろしい射撃をするな！　見ろよ、当ったのはたった6発だろ。それなのにだ、命中した時俺の機体が横に飛んだんだゾ！』これがこの件に関して、あとにも先にも彼が私に向かっていった言葉のすべてだった。言い訳をするようだが、私はまさかあの勇ましいトミーが雲に隠れるような真似をするなんて、夢にも思わなかったのだ。ではなぜそうしたかというと、あとで聞いたら4機か5機の零戦に追われて被弾し、逃げ出す間に風防が曇って前が見えなくなったので、雲に入って時間を稼ぎ、曇りがとれるのを待っていたということだった。

「この当時はラバウルを攻撃にいくと、いつもきまって80機ほどの日本機が充分に高度をとって待ち構えていた。いつ行っても同じで、それは彼らがラバウル飛行場から飛び立っては交代で位置につくからだった。それでソロモン航空軍司令部（ComAirSol）のお偉方も、爆撃機を派遣する場合は相当数の護衛戦闘機が必要なことを理解するようになり、その結果我々が陸軍のB-24、B-25といった大型機から海軍のSBDドーントレス、TBFアヴェンジャーなどの小型機に至る広範囲の爆撃機の護衛に、頻繁に駆り出されることになったのだった。VF-17が提供できる戦闘機は一度に16機が限度だったが、もし出撃要求機数が可動機数を下回って戦闘機が余った時は、トミー・ブラックバーンはそれも出撃させて敵戦闘機より高い高度をとらせ、相手を混乱させる戦法をとった。当時は米軍が全長125マイル（200km）もあろうかというブーゲンビル島にやっと1本の滑走路を完成させたところで、ラバウルに4カ所ある日本の飛行場はまだ健在だったし、日本の沿岸監視員も米軍攻撃部隊の機数と到達推定時刻をまだ無線で

1943年11月、オンドンガ飛行場で撮影されたドリス・「チコ」・フリーマン中尉と、彼が乗っていたF4U-1A、No.34。フリーマンは11月21日に零戦を2機撃墜し、この機体にも撃墜マークが2個見える。その後2機不確実撃墜の成績をあげてから1945年にVF-84に移籍し、総計9機撃墜の記録を残したが、1945年5月11日、バンカーヒルに神風が命中した際、爆発の犠牲となって戦死した。（Killefer Collection）

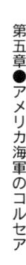

トム・キルファー中尉のF4U-1A、No.5、BuNo 17656。1944年5月5日、エンジントラブルでブーゲンビル島北のグリーン諸島に隣り合うニッサン島の飛行場に不時着した際の撮影。胴体横に撃墜マークらしきものが5個見えるが、もしそうだとしたら、この時点のキルファーの記録4.5機とは食い違う。（National Archives）

前頁下のF4U-1A、No.5が海兵隊整備員により、夜間に入念な整備を受けているところ。場所はブーゲンビル、日付は1944年2月8日。この機体が所属するVF-17は、コルセア飛行隊にしては珍しく各パイロットに1機ずつ機体を割り当て、したがって「1」から「36」までの全部の番号の機体が存在した。ただし番号のふり方にはルールがあり、たとえば「1」から「4」までが第1編隊というふうに、編隊の組み方に対応させた。また一時期プロペラの先端から18インチ(46㎝)の部分とスピナーを、ブラックバーンの編隊は赤、ヘドリックのは白など、編隊ごとに色を変えて塗装したこともあった。しかし激しい戦闘を続ける限り、機体が失われることもあれば、スピナー、プロペラを交換することもあり、結局塗装の手間が面倒で、この色分けの習慣は廃れてしまった。(USMC)

几帳面に通報していたから、我々がラバウルを遠く望む場所までくると、いつも迎撃戦闘機の離陸を示す滑走路の砂塵の舞い上がりが見えたものだった。
「爆撃機を護衛する時は、戦闘機は3グループに分かれてそれぞれ独自の高度をとり、海兵隊のF4U飛行隊と海軍のF6F飛行隊が下段と中段を担当して、我々VF-17は常に最上段を飛んだ。この最上段は、上から襲ってくる敵と真っ先にぶつかる最も危険な場所で、しかも敵は常に上からやってきたのであ

1944年1月、隊のスコアボードの前に並んだVF-17のパイロットたち。後列左からハリー・「ダーティー・エディー」・マーチ・Jr大尉(VF-17で撃墜4機、VF-6で同1機)、カール・ギルバート中尉(撃墜1機)、ウォルター・シャブ大尉(VF-17で撃墜4.25機、VF-10で同2機)、前列左からホイットニー・ワートン中尉(VF-10で撃墜2機)、フランク・ジャガー少尉(撃墜2機)、ハロルド・ビズガイオ中尉(撃墜2機)。
(Hedrick Collection)

る。それがわかると我々も少しは頭を使うようになり、隊から4機（場合によっては2機）を割き、何もなければレーダーによる探知を避けるため爆撃機から離れて低く飛ぶようにしておいて、いざ敵を発見したら一気に35000フィート（11000m）まで上昇し、いつも20000フィート（6000m）の高度に待機する日本戦闘機の裏をかくように仕向けた。これだけ高く上がるとコルセアの機銃のオイルが凍結することがあり、私自身も発射ボタンを押しても何の反応もなく、攻撃の先頭に立ちながら口惜しい思いをした経験があるが、高度を下げればすぐ直るので、あまり深刻に悩む必要はなかった。ともかくこの上空からの不意打ちはたいへん効果的で、その理由をいろいろ考えてみたが、おそらく敵が地上からの誘導に全面的に依存して、上を見上げて安全を確認する努力を怠っていたのではないだろうか。

「一度私が爆撃機に付き添って最上段を飛ぶコルセア編隊の先頭に立ったことがあり、その時は今説明した4機の別動隊に、型通りうんと上を、そして少し先を飛んでもらった。目標に近づいて、上の方で何か異変が起きていないか、念のため見上げたちょうどその時、雲の間から零戦が2機、まるで編隊を組んだみたいに並んで燃えながら落ちてきた。続いてバラバラに2機、そのあとまた揃って2機が落ちてくる。あとにはアイク・ケプフォード（撃墜16機）を含む2機のコルセアがいるだけで、零戦はどこにもいなかった。彼ら2機だけで、みんな撃墜してしまったのだ。別動隊作戦が見事に適中したわけだが、それにしても天晴れな連中だった。いつもこの調子なら、いくら敵がいたって少しも恐れる必要はないのだ。

「1944年1月のある日、攻撃終了後に私は仲間にはぐれ、単独で基地に帰ろうとしていた。みんな先に行ってしまったらしく、誰の姿も見えない。シンプソン港を少し出はずれたところで、ラバウルへ帰投中の零戦を1機発見した。どんな戦果をあげたのか知らないが、ちょうどビクトリー・ロールを打ったところで、それが私のカンに触った。『こいつめ！ そんな生意気な真似をして、タダですむと思うか！』とつぶやきながらうしろに回り、機銃弾を撃ち込むと、例によってたちまち炎に包まれ、パイロットが脱出するのが見えた。これがまた私の神経を逆撫でした。『こいつ、明日また俺たちに刃向かおうって気だな』とカリカリしながら旋回して戻り、パラシュートにぶら下がっている相手を本気で適正距離から射撃したが、近すぎたらしく、銃弾が彼の両わきをかすめただけに終わった。撃ち終わってからパラシュートのそばをすれすれに通過すると、紐にぶら下がったパイロットが、こっちに向かって拳を振り上げているのが見えた。嘘ではない、ほんとうにそうしているのが見えたのだ。まあこれでよかろうと我に帰ってまわりを見回したら、今撃墜した零戦の仲間か、3機が私のうしろに迫ってくるのが見えた。1機が真うしろで、あとの2機がその両わきにぴったり並んでいる。幸いにもこの日私に割り当てられたコルセアは、最近エスピリツサントから到着したばかりの水噴射装置つきの最新型で、エンジンパワーが25hpプラス、速度にして数ノット上乗せ分があったから、バチンとフルスロットルにしてあとはもっぱら後方に注意を集中し、敵のどれかが撃ってきた時だけ高度をちょこっとちょこっと下げて速度を少しづつ上げ、相手との距離をじりじりと広げて、約10分で遂に追跡を振りきった。基地に帰った時はほんとに助かったという気持が湧いて嬉しかった。

「こういうこともあった。ある日零戦目がけてダイブしたら、相手が何を考えてそうしたかはわからないが非常に素早くロールを打ち、そのおかげで逆に

こちらがより早くそいつの尻につくことができた。おまけにそのあと右に左に敵が逃げ回ったが、こちらは一度も狙いをはずさずに撃墜に持ち込むことができた。こんなにうまくいくなんて偶然だとその時は思った。ところがそれに続いて別の1機がまったく同じように逃げ、それを同じように追って、同じように撃墜できたから、こっちも考えてしまった。おそらくはむこうの編隊リーダーが、このやり方に限ると編隊のメンバーに教えたんじゃないだろうか。ところがそれは最良の戦法ではなかったというわけだ。

「コルセアは見かけによらず素早いロールができるし、射撃のプラットフォームとしても非常に安定したいい機体だ。急降下爆撃ができるのも、安定がいいからだ。私はヘルキャットで飛んだことがあるが、スロットル開度とプロペラピッチをいじるたびにタブを調整しなければならず、忙しいことこの上なかった。だがコルセアは違う。全然とはいわないがほとんどタブ調整の必要がないから、速度の上げ下げが実に簡単なのだ。

「我々のコルセアには、当時秘密兵器扱いされた加速度計がついていた。それが何度か9Gを記録したことがあり、それは別にどうということはなかったが、一度空戦でもないのに11Gを記録した時はほんとうにもみくちゃにされて、完全に降参した。その時はグリーン諸島〔※23〕で進行中の上陸作戦を援護するためにラバウル方面で哨戒飛行を行なって、敵機がいそうもないので帰ることにしたら、ブーゲンビルのエンプレスオーガスタ湾上空にでっかい入道雲がかかっていた。ソロモンでは、通常昼過ぎに200マイル（320km）もの広さにわたって海上に積乱雲が発生する。もともと暑くて湿度の高い場所だから、この種の雲もものすごいやつがずらりと並んで壮観だ。その日は最初2000から3000フィート（600〜900m）のわりと低いところを飛んでいたが、雲にぶつかるといやだからその上に出ることにした。こういう時、我々がよくやるように水面近くに降りる手もあるが、水面が見えないと危ないから結局水面上15フィート（5m）くらいまで降りて飛ぶことになり、どこにどの島があるのかまったく見当がつかなくなって、完全に自分の位置を見失う危険があった。なにしろコルセアには、計器飛行の装置が何もついていないのである。というわけで雲の上に出る決心をして上昇していったら、積乱雲の頂上で猛烈な乱気流

ソロモンで激戦を生き抜いたF4U-1Aがアメリカに送り返され、海岸で陸揚げされるところ。この種の機体は、オーバーホールののち訓練飛行隊に回されるのが普通だった。この3機のいちばん左がキルファーのNo 5で、真ん中がストリーグのNo 3である。右端のNo 38は身元がわからない。
(National Archives)

に遭遇して上下に揺さぶられ、一緒に飛んでいた6機が散り散りバラバラになった。その時に11Gを経験したのだ。幸い全員無事だったが、神のご加護がなかったら今ごろはみんな天国行きだった」

訳注
※19：プロペラの回転の影響で翼に失速現象が起きるのがトルクストール。コルセアは前から見てプロペラが反時計方向に回るため、その後流の影響で右側主翼の揚力を失いやすかった。
※20：同飛行隊は黒地に白の骸骨を描いた海賊旗＝ジョリーロジャーが部隊マーク。
※21：右側主翼にレドームを取りつけた夜間戦闘機型コルセア。
※22：ミルについては本書第1章の10頁を参照。
※23：ブーゲンビル島とラバウルの中間に位置する。

chapter 6

遂にソロモンを制覇
success in the south west

　ソロモンのアメリカ軍は、ニュージョージア島の占領に続いて1943年11月1日、現地に駐屯する4個海兵戦闘飛行隊VMF-211、-212、-215、-221を総動員した強力な援護のもと、ブーゲンビル島のトロキナ岬に上陸を開始した。ブーゲンビル島、グリーン諸島、エミロー島（エミローの占領はややあと）

ブーゲンビル島で着陸時に事故を起したF4U-1A、No 777、BuNo 17777。1943年12月14日撮影。フィリップ・デロング中尉の乗機で、彼はこれに乗って11月中に4回出撃した。三色塗装の上に、白帯つきの国籍マークとステンシル描きのコード番号が記入されている。主翼の国籍マークは最初旧方式の帯なしのラウンデルを現地で吹き付け、そのあとで縁どりなしの白帯を追加したものであろう。操縦席直前の白い線は、蒸発したガソリンが操縦席に回り込まないよう、タンク上部の点検パネルの縁に沿って貼ったシールテープである。(USMC)

を占拠して包囲網をめぐらせ、ビスマルク諸島のニューブリテン島に日本が築いた一大根拠地ラバウルを攻略するのがアメリカ軍の最終的な狙いであり、それには味方航空機による敵防衛戦力の無力化と補給線の遮断が不可欠だった。

　VMF-212のフィリップ・デロング中尉は1944年1月9日、ニューブリテン島トベラ飛行場上空で初の撃墜（零戦2機）を達成し、その後記録を重ねて最後に2月15日、九九艦爆を一挙に3機撃墜した。デロングは最後の撃墜をこう回想する。

「1944年2月15日に、グリーン諸島の上陸作戦を援護した。出発が早かったので、ちょうど島の上空に達した時に夜が明け、そのまま多数の味方艦船を見下ろしながら警戒を続けていると、やがて九九艦爆（ヴァル）が15機襲ってきた。後部に機銃射手が乗る独特のシルエットが遠くに見えたと思ううちに、さすが急降下爆撃機だけあって、かなりの高度からいきなりダイブを開始した。味方の船に危害を加えないようにするのがこっちの目的だから、ただちに後方に回り込み、最初につかまえた1機の後席の射手に狙いをつけて射撃すると、命中した途端に爆発した。それからたて続けに2機を墜落させたが、射撃したのは私だけで、私のウイングマンは気の毒にも機銃のヒューズが飛んでしまい、私についてきてくれたのに射撃できなかった。

「それから機銃掃射にうつって、トラック、艀（はしけ）、舟艇、椰子の木陰の原住民の家、すべてに無差別に銃弾を浴びせた。我々の銃は一定距離で6挺の弾丸が一点に収束するように調整してあるので、近めのものを狙ったらまるで威力がないが、収束点付近では弾丸の軌跡がコーン状にまとまるから、けっこう広い面積に破壊力を集中させることができる。

「私は通算で11.166機を撃墜したことになっているが、小数点以下の端数は、私とヒュー・エルウッド少佐（撃墜5.166機）とアラン・ハリスン中尉の3人の合作だ。なんでこんなこまかい数字になったかというと、1月23日に、ケラビ湾上空でまずエルウッドが零戦に命中弾を与えて黒煙を噴かせ、次いで同じ相手を今度は私が射撃して煙が炎に変わり、最後にハリスンが空中分解させた。そしてその数分後に、2機目の零戦をまったく同じ段取りで片付けた。ここまでの点数が2（機）を3（人）で割って0.666だ。次にその日の午後、今度はエルウッドと私の2人で1機を撃墜した。これが1（機）を2（人）で割って0.5。この両方を足すと1.166になるというわけだ」

■空戦の戦果について
Victory Claims

　押収した日本側公式記録との照合を含む戦後の調査で、連合軍側が空戦で撃墜したと主張する日本機の数は、実際に日本側が失った数を上回ることが判明した。一例をあげれば、1943年12月17日から1944年2月19日までの2カ月間に（日本海軍航空部隊のラバウルからの組織的な撤退の最後が2月20日に行われたため採用した区切り）、連合軍は日本機730機を撃墜したとしているが、日本側の記録によれば、この間に日本海軍が原因の如何を問わず喪失した航空機の数はおよそ400機であった。これと同じ時期に、日本陸軍航空部隊も海軍航空隊に劣らず大打撃を受け、中には解散に追い込まれて事実上消滅した部隊もあったほどだし、また戦闘に加わる前に連合軍航空機に

1944年半ば、ガダルカナルの駐機場に並ぶ色褪せたRNZAF（ニュージーランド空軍）のF4U－1A。この時期にはもう日本機の襲撃にそなえてコルセアを椰子の木陰の掩蔽壕に隠す必要がなくなり、写真のように密集して並べるのが普通だった。垂直尾翼上部の数字は各機体のシリアルナンバーの最後の三桁をとったもので、たとえば「393」はNZ5393からきた数字である。(via Jim Sullivan)

より地上で破壊された日本機も数多かったが、これらの事実は今議論していることとは関係がない。著者が強調したいのは、連合軍側が主張する日本機撃墜数が実際のほぼ2倍にあたることと、この2倍という数字そのものが、ソロモン以外のよその戦線の同種の数字と比較して、内容的に非常に精度が高いことの2点である。

　空戦で撃墜した敵機の数を実際より多く申告する過ちは、空戦が常に混乱のうちに進行することが原因とされている。しかし極言すれば、申告が不正確であろうと、敵の機種判別が間違っていようと、それは末梢の問題であって、作戦全体の帰趨とは関係がない。実際連合軍が2倍の申告をしている間に、ソロモンの日本航空勢力は甚大な損害を蒙って、その後の航空戦ではいかなるかたちであれ勝利を摑むことが不可能になり、結局は連合軍の進撃を阻止するために特攻機を繰り出すところまで追い詰められたのだった。

　ソロモンのコルセア飛行隊は、第二次大戦最高のコルセアエース、ロバート・ハンソン中尉を生んだ。ハンソンはVMF－214とVMF－215に在籍して合計25機を撃墜したのち1944年2月3日の空戦で戦死し、1943年11月1日と1944年1月24日にあげた戦功により死後に議会名誉勲章を授与された。またVMF－214の隊長グレゴリー・ボイントン少佐は、中国におけるアメリカ義勇軍時代の6機の戦果に加えてソロモンではコルセアにより22機を撃墜し、1943年10月17日の戦功によりこれも議会名誉勲章を授けられたが、1944年1月3日に撃墜されて捕虜となった。またケネス・ウォルシュ中尉はVMF－124時代に20機を撃墜して1944年2月に同じく議会名誉勲章を受領したが、その後VMF－222に移ったあと、1945年6月22日にさらに21機目と22機目（最後）を追加している。そのほかVMF－215のドナルド・アルドリッチ大尉は、1944年2月9日に最後の勝利をおさめるまでに16.5機を撃墜し、VMF－213のウィルバー・トーマス大尉はソロモン方面で16.5機を撃墜してから、同戦闘飛行隊とともに他の戦線に移動してさらに2機を追加、合計18.5機撃墜の記録を残した。またVF－17のアイラ・ケプフォード大尉は16機を撃墜して、ソロモン方面における海軍最高のエースの栄誉に輝いた。

ニュージーランド空軍のF4U
RNZAF F4Us

　ラバウルはニュージーランド空軍（RNZAF=Royal New Zealand Air Force）にとって直接攻撃するにはあまりにも遠く、所詮は「高い木の枝になった果実」であり、「熟して落ちる」のを待つしかなかった。しかしかつてソロモン諸

島とビスマルク諸島一帯を支配した日本の航空勢力が事実上消滅し、アメリカ海軍と海兵隊のコルセアが島々になお残存する日本兵への地上攻撃に転じたあと、アメリカからコルセアを受領したニュージーランド空軍が、再びソロモン戦線に姿を現した。

　日本がその消耗し尽くした航空勢力を引き揚げたのが1944年2月20日、ニュージーランド空軍（RNZAF）のコルセア飛行隊がブーゲンビル島のアメリカ軍に合流したのが1944年5月14日だった。最初に到着した第20飛行隊は、かつて1943年から44年にかけてP-40キティーホークでソロモン方面の日本機と戦い、99機撃墜の立派な記録を残したベテランの集団だった。しかしいかにこのキウイ野郎たちが豊富な経験を誇ろうとも、日本の航空勢力が一掃されたあととあってはもはや撃墜戦果の上乗せは不可能だったが、それにもめげず彼らは南太平洋方面で爆撃機の護衛と地上攻撃を担当して、1945年8月の終戦まで戦争の遂行に貢献し続けたのであった。

　1944年から1945年にかけて、第14から第26まで計13個のRNZAF飛行隊がコルセアとともに南太平洋に展開した。彼らが使用したコルセアは総計424機にのぼり、その内訳はチャンス・ヴォート製のF4U-1Aと-1Dが364機、グッドイヤー製のFG-1Dが60機で、最終的に全体の35パーセントに相当する150機を失ったが、戦闘による損失は17機にすぎなかった。各飛行隊の前線勤務期間は3カ月で、それが終わるとパイロットはいったんニュージーランドの基地に引き揚げて休暇をとるが、コルセアはすべて前線の飛行場に留め置き、勤務中の中隊が交代で使用した。第二次大戦が終了するや間髪を入れずに相当量のコルセアを廃棄処分にした英海軍と違い［※24］RNZAFはコルセアを大切に扱い、戦後しばらくの間相当数のコルセア飛行隊（FG-1Dを所有するものが多かった）を存続させた。連合軍の占領が1948年に終わったあと日本から引き揚げてきた第14飛行隊が最後まで残ったが、それも解散すると全部の機体が山積みにされて焼却され、RNZAFとチャンス・ヴォート製戦闘機の係わり合いはいささか唐突に、しかし静かに幕を閉じたのであった。

訳注
※24：終戦後アメリカが戦争中に貸与した武器の代価支払いを貸与期間ベースで要求したため、イギリスは期間が1日でも延びるのを嫌って、航空機を含む高価な武器を即刻廃棄処分にした。

この写真から、ニュージーランド空軍がコルセアの識別記号に、アルファベットを2個組み合わせて使っていたことがわかる。また各機の文字の組み合わせのバリエーションから、ここに写っている編隊が、3個の飛行隊から派遣されたコルセアで成り立っているらしいことも理解できる。(via Jim Sullivan)

chapter 7

イギリス海軍のコルセア
british corsairs

　フェアリーあるいはブラックバーンといった、本来海軍機の設計、開発を得意とするはずの主力航空機メーカーが、なにひとつ満足のいく空母搭載機をつくり出せない現状に業を煮やしたイギリス海軍航空隊（FAA=Fleet Air Arm）は、1941年から42年にかけて、既存の空軍機の改造に過ぎないシーハリケーンとシーファイアを空母に搭載してその穴埋めとした。だがこれらの改造機は、フルマー、スキュア［※25］にくらべればはるかに進歩した航空機ではあったが、航続距離と着艦性能に問題があり、FAAの主戦力とはなり得なかった。

　この状況に不満を抱くFAAのパイロットたちにとって、最初から空母搭載機として開発されたグラマン・ワイルドキャット（FAAの呼称はマートレット）が、1941年暮れ以降続々と英本土に到着したことは、大いなる救いとなった。これによりFAAははじめて、艦上機にふさわしい航続距離と、素直な着艦性能と、時代の水準に見合う空戦性能を兼備した航空機を手に入れたのである［※26］。だがFAAはワイルドキャットの性能に感銘を受けながらも、その315mph（507km/h）という中途半端な最高速度には満足できず、より高性能の戦闘機を求めて、なおもアメリカで調査を続けた。

　ちょうどそのころ、コネチカット州のチャンス・ヴォート社が、アメリカ海軍向けに斬新な新型艦上戦闘機のテストを進めていた。これが血眼のイギリス調査団の目にとまらぬはずがなく、たちまちのうちにこのXF4U－1コルセアは、英米両国間で交わされた武器貸与協定の品目リストに組み入れられることになった。そしてこの「羽根の曲がった鳥」はFAA内で絶大の支持を獲得して、I型からIV型までの4型式を含む通算2012機がアメリカからイギリスへ引き渡され、第二次大戦中にFAAが使った中で最も数多い米国製戦闘機となったのである。

　初期のコルセアが空母着艦に際して『きわどい』挙動を示したことと、それに対して賛否両論が存在したことについては、いまさら説明の必要もあるまい。この件に対する個々のパイロットの反応は、本人がコルセアで経験した飛行時間により大きく分かれる傾向があったが、1942年当時のアメリカ海軍の古参パイロット

輸送船で英本土に送られ、飛行場に到着したばかりの真新しいコルセアが、滑走路の横をタキシングしているところ。どこの基地かは不明。カウルフラップの縁からちょっとはみ出して見える丸いものは、懸命に前方を確認中のパイロットの頭である。コルセアの後方に、冬のもやを通してソードフィッシュとマートレット（ワイルドキャット）各1機が見える。コルセアは当時の英海軍のいかなる戦闘機よりも高性能ではあったが、だからといって英海軍のすべてのパイロットがこれを無条件で歓迎したわけではなかった。たとえばエリック・「ウィンクル」・ブラウン大佐はこう述べている。
「奇妙なことにイギリス海軍は、アメリカ海軍ほどコルセアの着艦性能に対して批判的ではなく、その結果アメリカ海軍より9ヵ月も早く航空母艦上の運用に踏み切ることになった。これは当時のイギリス海軍が、コルセアを艦上戦闘機として使う上でさほど大きな障害はないと判断したからだといわれているが、私はそうではなく、このチャンス・ヴォートの戦闘機を一刻も早く空母で使いたいという海軍上層部の切なる願い、というより焦りが、そうさせただけだと思っている。なぜかというとコルセアの着艦性能はよくないどころか相当悪かったからだ」（via Phil Jarrett）
［エリック・「ウィンクル」・ブラウン大佐はイギリス海軍の主任テストパイロットを務めた人物で、その間にBf109、Ju87、Fw190など、多くの捕獲機の試験も行っている。大佐の戦歴については本シリーズ第8巻「第二次大戦のワイルトキャットエース」を参照されたい］

順番に着艦を終えた3機のコルセアを、総がかりで定位置に移動させる英空母のデッキクルー。中央に数人の士官が、厳しい目でこの作業を監視している。残念ながら空母も飛行隊も特定できないが、「7」のコードから察して、1944年に訓練飛行隊がコルセアを使って演習中の場面を撮影したものと思われる。写真手前の「7T」の操縦席のすぐ向こうに、丸めた地図らしきものを手にもって立つ人物は、このうちの1機を自ら操縦してついさっき着艦したばかりの、この艦の飛行隊司令である。(via Aeroplane)

は、コルセアをなみのパイロットには扱いかねる危険な航空機と見なす傾向が特に強かった。そして彼らはその要因として、初期のコルセアの硬すぎる主脚のオレオ緩衝装置と、トルクストール[※27]と、前方視界を妨げる大きなエンジンカウルの3点をあげたのである。

　アメリカ海軍がこの問題を重視して、F4Uの空母への配備を中止したため、1944年の暮れに遅まきながらF4Uが艦上機として承認された時は、すでに全部のアメリカ空母戦闘飛行隊が挙動の素直なF6Fヘルキャットで占められたあとだった。しかしFAAのコルセアは、これより1年も早く空母上で運用を開始し、さらに1944年春には早くも欧州と太平洋の両戦線で空母ともども実戦に参加する素早い展開を見せたのだった。

　FAAは、本家のアメリカで艦上機としての適性に疑問符がついても少しも意に介さず、1943年半ば以降、ひたすらコルセアⅠ型（F4U-1）の部隊配備を進め、同時に空母による各飛行隊の洋上訓練を促進した。これに先立ってイギリス向けのコルセアには、英空母の格納甲板の天井の高さに合わせて主翼端を8インチ（200㎜）切り落とすなどの改造が加えられたが、この全幅短縮の荒療治は、着艦の最終段階で浮き上がるコルセアの悪癖を軽減する予想外の効果をもたらしたものの、アメリカの老練パイロット同様、コルセアに厳しい批判の目を向ける一部のFAA古参パイロットを納得させるには至らなかった。

　こうしてイギリス海軍は1944年初頭までに、本国艦隊および極東艦隊向けに、総計8個の空母飛行隊を揃えるに至った。この数はその後も増え続け、終戦時には18個を数えるまでになるのである。北米ロードアイランド州の海軍基地で編成され、FAA最初のコルセア部隊となった第1830および1833飛行隊には、コルセアⅠ型すなわち米軍オリジナル仕様でいうとF4U-1「バードケージ」（95機が貸与された）が配備されたが、これは1機も実戦に参加しなかった。最初に実戦に投入されたモデルはコルセアⅡ型（F4U-1A）で、これは総計510機が貸与され、1943年暮れまでにアメリカでFAA仕様への改造を終えて、護衛空母で英本土に運ばれている。

　イギリス本国艦隊は1944年4月3日、第1834および第1836飛行隊の28機のコルセアⅡで第47海軍戦闘航空団47FWを編成、ノルウェーのフィヨルドにひそむドイツ戦艦ティルピッツを襲撃する「タングステン」作戦に参加を命じ

て、6隻の空母から発進した延べ121機の攻撃部隊の上空警護の任にあたらせた。しかし空母ビクトリアスから発進したコルセアは未明の攻撃に際してまったく敵機に遭遇せず、その資質をためされることなく母艦に帰投して作戦は終了した。結局8月中旬まで、FAAのコルセアは対独戦争において他の任務にはいっさいつかず、この日と同じ調子でティルピッツ攻撃を繰り返すだけに終わった。

いっぽうインド洋においても1944年4月、初回のティルピッツ攻撃とほぼ同時期にコルセアが戦闘を開始した。といってもタングステン作戦にくらべれば動きがはるかに地味で、まず空母イラストリアス上の第1830、1833飛行隊で編成された15FWが、イギリスの伝統的貿易圏の東のはずれに位置するセイロン島東方のインド洋海域の制圧にあたったが、戦闘らしい戦闘はほとんど行われず、この方面を遊弋中の米空母サラトガならびにその飛行隊とのはじめての接触が、英空母にとって唯一の収穫となった。

7月になると、あらたに空母ビクトリアスがインド洋に到着して、極東のコルセアの戦力が一躍倍増した。さらに第1837飛行隊がセイロン島に到着してイラストリアスに飛来、その結果ビクトリアス、イラストリアスの艦上には、それぞれ3飛行隊42機のコルセアⅡが勢揃いすることになった。このFAA最強のコルセア部隊は7月25日、サバン島攻撃に参加してはじめてその実力の一端を披露したが、この作戦の主役は港の設備と石油タンクを砲撃した戦艦3隻、巡洋艦7隻、駆逐艦2隻の艦隊であり、コルセアはわき役にすぎなかった。しかし艦隊が撤退する時になって少数の日本機が艦隊を狙って襲来、英海軍のコルセアは初の空戦を経験して、15FWの1830飛行隊が零戦3機、1833飛行隊が零戦2機と九七重爆1機を撃墜し、またビクトリアスに臨時配備された第1838飛行隊が零戦1機を撃墜して、同艦の唯一の戦果をもたらした。このつつましい戦果をきっかけに、FAAのコルセアは大戦末期までに総計50機にのぼる撃墜を記録することになるが、いっぽうで陸上の飛行場を基地とする米海兵隊と米海軍のコルセアが17カ月間に四桁に近い撃墜を記録したとはいっても、およそ英米を通じて空母所属のコルセアが空中戦闘で撃墜を記録したのは、このサバン島攻撃が最初であった。

このあとしばらく全然反撃を受けない出撃ばかりが続いたが、1944年10月のカーニコバー島攻撃に際して、ビクトリアスを発進したコルセアが久しぶりに日本陸軍防衛隊の隼と交戦し、コルセア2機とヘルキャット1機を失いながら、敵7機を撃墜した。この日第1834飛行隊所属のレスリー・ダーノ大尉(カナダ出身)は自身で1機、ウイングマンと協同で4機をそれぞれ撃墜、自己の記録を4機に伸ばした(1834飛行隊には偶然同姓のアレック・ダーノ大尉が在籍したためよく間違えられるが、同大尉はスコットランド出身で、もちろん別人である)。

1945年1月4日、ビクトリアスからスマトラ島のパンカランブランダン精油所に向かって、コルセアが飛び立った。FAAはこの3週間後に同じくスマトラ島のパレンバン精油所に対してより大規模攻撃をかけ、この前後2回の精油所攻撃を以ってインド洋におけるコルセアの活躍は幕を閉じることになるが、最初のパンカランブランダン攻撃では47FWのコルセアが、空母インディファティガブルのシーファイアFⅢとともにアヴェンジャー攻撃機群の上空警護にあたった。この日は多数の隼とごく少数の百式司偵および九七重爆が飛来した

第二次大戦における英海兵隊唯一のエース、ロニー・ヘイ少佐(後に中佐)。スキュア、フルマーを含むほとんど全種類の英海軍機を乗り継ぎながら輝かしい戦績を残した。しかしヘイが初期に乗り継いだ英海軍機はどれもパッとしない性能のものばかりで、そのせいかパワーと運動性にすぐれたコルセアは、彼の大のお気に入りだった。コルセアについて、ヘイは次の言葉を残している。
「戦争4年目にしてはじめて、我々は戦闘で絶対に他にひけをとらない世界一の航空機を獲得した。もうどんな敵にも負けることはないであろう。私のまわりの誰もが、何もしないうちから、まるでエースになった気分で浮かれ騒いでいるのが聞こえてこないかね?」(Ronnie Hay)

が、そのうちの12機が撃墜され、味方の損害はアヴェンジャー1機のみだった。撃墜12機のうち7機がコルセアによる戦果であり、その内訳はダーノ大尉の百式司偵および九七重爆各1機（ともに協同撃墜）と、第1836飛行隊の隼5機であり、後者のうちの2機がカナダ出身のドン・シェパード大尉の戦果だった。

イギリス海軍は1945年1月、あらたに太平洋艦隊を編成して、その母港を極東艦隊時代のセイロン島トリンコマリーからオーストラリアのシドニーに移した。この新母港に移動の途中で、艦隊の4隻の大型空母からスマトラ島パレンバンに向けて攻撃部隊が発進した。パレンバンには、戦前にシェル石油が建設した大規模なプラジョー精油所があり、英海軍はすでに前年12月はじめに「メリディアンⅠ、Ⅱ」の暗号名のもと同所の攻撃を画策ずみであった。1月24日の第一次攻撃では144回にわたって出撃が繰り返され、5日後の第二次攻撃に際してもほぼ同規模の出撃を記録した。この2回のうち第一次攻撃は、イラストリアスとビクトリアスのコルセア56機のうち32機が護衛任務につき（うち16機が爆撃機とともに目標を攻撃し、残りの16機が爆撃機編隊の上空警護にあたった）、さらに24機が周辺飛行場の掃射、FAAの用語でいえば「ラムロッド」を実施するという、第二次大戦中にFAAが実施した作戦の中では2番目に大規模なものであった。

ラムロッドを担当したグループは、爆撃機を迎え撃とうとする隼、鍾馗、屠龍の離陸の阻止に失敗した上に、激しい対空砲火で5機が撃墜された。いっぽう爆撃機を護衛したコルセアは、およそ20機の日本陸軍戦闘機を相手に戦って8機を撃墜し、味方の損害は、鍾馗に撃墜されたアヴェンジャー随伴の第1833飛行隊のコルセア1機だけであった。

この日最高の戦果をおさめたのは、隼と鍾馗各1機を撃墜した47FWの隊長ロニー・ヘイ海兵隊少佐（後に中佐）だった。ヘイは1939年以来のFAA戦闘機パイロットで、1940年のノルウェーの戦い[※28]では空母アークロイヤルに乗組み、第801飛行隊のスキュアに搭乗して協同撃墜の初戦果をあげ、翌1941年には地中海方面で「H」部隊[※29]に加わり、その後再びアークロイヤルに戻って今度は第808飛行隊のフルマーに搭乗、その間に総計7機を撃墜してエースになるという、輝かしい経歴の持ち主だった。

ヘイはパレンバン攻撃では「空中管制官」という変わった役に就いた。これは攻撃部隊が任務に応じて各種の編隊に分かれ、スケジュールにのっとってきまった時刻に、きまった方向から進入して精油所に爆弾を投下する動き全般を監視し、調整する役目だった。ヘイは1943年4月に海軍の指名を受け、チャーミーダウンで催された空軍の指揮官訓練課程に参加して大規模航空攻撃法を学び、その後地中海方面でこの問題の指導教官を務めてから、セイロン島チャイナベイ基地の飛行隊司令に任命されるという、特殊な経歴の持ち主でもあった。ところが1944年初頭インド洋にコルセアが展開するや、ヘイは極東が世界の耳目を集めたことに感激してデスクワークからパ

東インド諸島［現在のインドネシア］に向けて東進中のビクトリアスの艦上に整列したコルセア。英空母独特の装甲鋼板張りの飛行甲板には、早朝のスコールの置き土産である水たまりが残り、バックの海面が雨上がりの空からこぼれ落ちる太陽の光に輝いている。1945年1月の撮影で、第1834および第1836飛行隊のコルセアの間を縫って、整備員がスマトラ島攻撃の準備に忙しい。右側の主脚収容部ドアに「7」の数字、左側のドアにアルファベットを描いたのが1834飛行隊のコルセアで、両側ドアに「8A」から「8T」までアルファベットを変化させた記号を記入したのが1836飛行隊のコルセアである。
(via Phil Jarrett)

イロットへの転身を志願し、その経験と知識を高く評価した艦隊が彼をビクトリアスに招聘して、その結果パレンバン攻撃で彼の実力が存分に発揮されることになったのだった。

パレンバン攻撃は比較的長時間続き、その間ヘイと彼が率いる編隊の他の3人のメンバーは（いずれも第1836飛行隊の隊員で、中にFAAでただひとりコルセアのみでエースとなったカナダ出身のドン・シェパード大尉がいた）、編隊を組んだまま直接攻撃グループと爆撃機護衛グループ、ふたつのコルセア集団の間を往き来して哨戒を続けた。ヘイが乗るコルセアII「JT427」、識別記号TRH（RHはヘイのイニシアル）には、攻撃終了後の成果を確認するための垂直および斜め方向撮影カメラが搭載されていた。ヘイはベンソンのRAF訓練所で学んだ連続航空写真撮影技術をもとにこの機体で実際に精度の高い写真を提供し、自己の撃墜記録もすべてこのカメラ付きの機体で達成している。ビクトリアスでもイラストリアスでも、個々の機体をパイロットに割り当てる習慣がなかったが、ヘイの機体だけはその特殊装備の故に彼専用に指定されていた。

以下は、本書のために催したインタビューで、メリディアン作戦とコルセア全般の印象についてヘイが語った内容である。

「コルセアはコクピット全体が広々として、座席に座るとまるで自分の居間の安楽椅子みたいにくつろげたし、MkIIのバブルキャノピーは視界が抜群で、じつに気分がよかった。我々はこのコルセアを酷使して文字通り休みなしに飛び続けたが、その事実を端的に物語るある事件があった。

「スマトラ島攻撃のあとシドニーに寄港して、そこから沖縄攻略の『アイスバーグ』作戦に参加するため一路北上した。その途中アドミラルティ諸島のマヌス島に立ち寄ったら、そこの飛行場に、シーブルー塗装の最新型の米軍コルセアがずらりと並んでいた。不思議に思ってそこにいたアメリカの士官に訊ねたら、本国に送り返すための船積み待ちで、オーバーホールが終わり次第また送り返してくるのだと教えてくれた。それでこっちも好奇心が湧いてきて、いったいどのくらい使い込んだ機体なのかと重ねて質問したら、平均で500

英空母のコルセア飛行隊は、グラマン・アヴェンジャーIIまたはフェアリー・ファイアフライIを頻繁に護衛したが、その時は1個飛行隊がこれら爆撃機のすぐ近くに位置し、別の飛行隊がかなり上を警戒しながら飛ぶのが普通だった。コルセアが編隊飛行するとどんなイメージになるかは、この1944年5月、ロニー・ヘイ少佐率いる第6戦闘航空団が、セイロン島コロンボの英海軍航空基地上空をフライパスする写真から判断していただきたい。これでははっきり見えないが、英海軍のコルセアは識別記号に統一性がなく、またいやに小さな国籍マークをつけていた。それは本頁下の写真をご覧いただけばわかる。
（Ronnie Hay）

1944年から1945年にかけて英空母ビクトリアスの艦上にあったイギリス海軍航空隊第47戦闘航空団に所属する36機のコルセアIIのうちの1機、JT422の低空飛行中のショット。第1836飛行隊所属機であることを示す2文字の識別記号「8B」と、その左にルール変更で追加された「T」の字が見えるが、「T」はあきらかにチョークで描いただけで、いかにもお粗末だ。英海軍のコルセアは、1945年1月末のパレンバン攻撃に参加した時は、ほぼ全機がこのJT422と同じスタイルの、数字とアルファベットを3個組み合わせた新識別記号を掲げていた。写真のひどく汚れてペイントがハゲハゲになった機体を操縦しているのはナイト大尉である。（Ronnie Hay）

時間だという。これには唖然とした。我々のコルセアIIはどれも2000時間は経過していたが、オーバーホールしてほしいとか、もうちょっとしっかり整備してもらいたいとか思ったことは一度もなくて、どれもいまだに新品同様に活きがいいと信じて疑わなかったからだ。しかし500時間となると、ひょっとして我々のよりずっと程度がいいのかもしれなかった。それで急に欲が出て、どうだろう、私が今乗っているのとここに眠っているうちの1機と交換してもらえるかね、とたずねたら、『ああいいとも。どれでも好きなのをもっていきたまえ。ここじゃあね、自分が今乗っているのよりいいのが見つかったら、誰でも勝手にもってっていいことになってるんだ』という気前のいい返事が返ってきた。しめた、と思ったが、次の瞬間ビクトリアスの飛行甲板に並ぶ灰色のコルセアの中に、ひとつだけいやに目立つシーブルーの機体が混じったら、空母のお偉方がどんなに渋い顔をするかと思うと急に夢がしぼみ、せっかくのいい縁談を御破算にしてもらった。

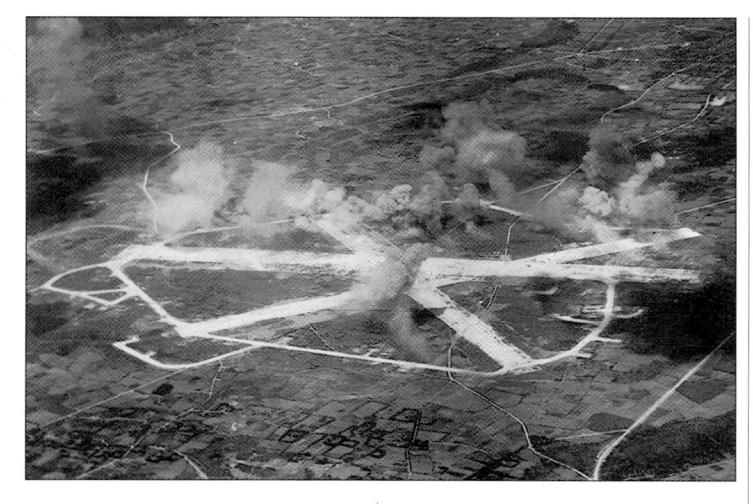

ロニー・ヘイが彼専用のカメラ付きコルセアIIで撮影した、先島諸島宮古島の飛行場の写真。1945年3月、英海軍のアヴェンジャーIIとコルセアIIが猛攻撃をかけているところ。台湾を飛び立って沖縄攻撃に向かう日本機が通常ここで燃料を補給するので、滑走路を爆弾で穴だらけにしてそれを阻止するのがこの作戦の目的だった。(Ronnie Hay)

「パレンバン攻撃の時は、全部のコルセアが落下タンクをつけた。このタンクを吊ると最大5時間まで飛べるが、吊ったタンクを最初に空にすることと、戦闘をはじめる前に切り離すのを忘れないよう、注意が必要だった。私は目標到達と同時に、自分の編隊の3機にたがいの間隔を広げるよう指示し、念のため私のうしろにいつもの通りシェパードがいることを確認した。その態勢で哨戒を続けながら、日本機がどこからどのように反撃してくるか、油断なく見張った。

「第1回の精油所攻撃は、個々の目標の破壊の程度から判断する限り、けっして成功とはいえなかった。それにアヴェンジャーII、ファイアフライI[※30]、ヘルキャットI、コルセアII、シーファイアFIIIといった航空機の種類とそれぞれの編隊の数がむやみと多く、彼らを手際よく誘導するという私に課せられた任務を完全に果たすには無理があった。その状況は、備蓄タンクから漏れた油が燃えて黒煙が立ちのぼり、周囲がかすみはじめると、なお悪化した。それで私

ラムロッド[飛行場の銃撃]から帰還して、母艦の待機室に向かう第1834、1836飛行隊のパイロットたち。左から3人目が、第二次大戦中にコルセアだけでエースとなった英海軍唯一のパイロット、カナダ出身のドン・シェパード大尉。(Ronnie Hay)

が自分の編隊を引き連れて、敵機が来襲してもなおアヴェンジャーをしっかり守れそうな位置に移動すると、果たせるかな、私の前方を鐘馗(トージョー)がピカリと光って通過し、爆撃機に襲いかかった。直ちに追跡して2回短い射撃を浴びせると、燃料タンクに命中したらしく爆発した。この直後に隼(オスカー)が視野にはいったので、編隊全機でジャングルの梢すれすれまで降りて追尾しながら射撃したが、さきほどの鐘馗と違って火災にならない。不思議に思っているうちに、高速のまま地面に衝突して終わりになった。

「この戦闘の5日後、パレンバン攻撃の第2波『メリディアンⅡ』作戦が終了した直後に、攻撃の成果を確認するため製油所上空を飛び、垂直連続写真撮影を行なった。その最中に、日本の鐘馗と隼の混成4機編隊に遭遇したので直ちに撮影を中止してシェパードとともに攻撃に転じ、結局相手の2種類の戦闘機各1機、合計2機を協同撃墜して、ふたりとも記録に2×0.5＝1を上乗せした。日本戦闘機と戦う時は、コルセアの持ち前のスピードを利して単機で急降下しながら一撃を浴びせれば充分で、彼らと一緒に旋回する愚を犯してはならない。鐘馗だろうと隼だろうと、こちらの高速を武器にすれば間違いなく勝てるから、わざわざスピードを殺す必要がないのだ」

太平洋戦線において、大規模な戦闘には一度も参加しなかったイギリス海軍だが、彼らの空母イラストリアスの第1830、1833飛行隊、ビクトリアスの第1834、1836飛行隊、それにフォーミダブルの第1841、1842飛行隊は、いずれも爆撃機の護衛と機銃掃射という地味だがタフな任務に全力を尽くした。しかも1945年4月から最新型のグッドイヤー製コルセアMkⅣを搭載した空母フォーミダブルが艦隊に合流したとはいえ、戦争最終段階の1945年の1月から8月まで、彼らの戦力は基本的には上記の飛行隊1個につきコルセアⅡが18機に過ぎなかった。

FAAにとって、沖縄以前では最大の戦闘となったプラジョー精油所攻撃のメリディアン作戦の結末について付記するならば、まず戦果は、すでに述べたヘイとシェパードの2名があげたもの以外では、第1830および1834飛行隊による協同撃墜の3機だけであった。味方の損害は2機で、コルセアのみで撃墜1機、協同撃墜4機の記録をつくったダーノ大尉と別のもうひとりのパイロットが、ともに飛行場掃射中に撃墜されて捕虜となった。ダーノは不幸なことにパレンバンで撃墜された爆撃機パイロット数名とともに、チャンギの収容所で斬首刑に処せられ死亡した。

メリディアン作戦を終えたイギリス太平洋艦隊は、シドニーに短期間停泊したのちアメリカ第5艦隊と合流し、第57機動部隊を形成した。イギリスの空母は5隻で、搭載する航空機270機のうち110機がコルセアだった。FAAが太平洋で最初に経験した本格的な戦闘、沖縄攻略のアイスバーグ作戦は、3月26日の先島諸島攻撃部隊の発進で幕を開け、FAAのコルセアは対空砲陣地を含む地上目標の制圧と、神風特攻機の阻止に活躍した。その時の思い出を、ヘイ少佐はこう述べている。

「戦争の最終段階で日本が行なった神風攻撃は、我々の心胆を寒からしめるに充分だった。今でもありありと思い出すのは、うねりに乗ってゆっくりと上下する空母の甲板上に、爆弾と燃料を満載した航空機がぎっしり並び、自分がその中の1機の操縦席に座って、じりじりしながら発進を待っていたあの

時のことだ。突然艦の対空砲が轟音とともに一斉に射撃を開始し、いよいよ零戦だか九九艦爆だか、この艦の横っ腹に突っ込んでくるのかと思うと、おそろしくて居ても立ってもいられない気持になり、恐いもの見たさに首をひねって敵の姿を探しているうちに、半マイル先で我々同様発進準備中だったインドミタブル目がけて1機が突っ込み、きわどいところで逸れたのが見えた。次の瞬間発進の許可がおりて、私を先頭に編隊全部が艦を離れてホッとしたが、あとに残った乗組員たちはどんな気持だったろうか」

　神風攻撃は4月の中旬まで続き、その間にビクトリアスとイラストリアスのコルセアがそれぞれ5機を撃墜した。その後FAAの空母群は一時戦線を離れたが5月4日には復帰して、その直後に日本機20機の攻撃を受け、コルセアが迎撃にあたった。この戦いでドン・シェパードが彗星を撃墜してエースとなり、ビクトリアスのコルセアも3機を撃墜した。翌5月5日には、艦隊に加わって間もない第1841飛行隊のコルセアが零戦1機を撃墜して、フォーミダブルに初戦果をもたらした。

　1カ月にわたる激闘の末に連合軍は沖縄を占領したが、第57機動部隊が受けた損害は大きく、シドニー出港時艦上にあった延べ270機の航空機の三分の二が主として神風攻撃により破壊され、あるいは損傷した。機動部隊は短期間の休息ののち7月に最前線に戻り、今や見る影もない日本本土の航空勢力をさらに徹底して無力化すべく、コルセアで飛行場攻撃、ラムロッドを行なった。しかし予期した通り日本側の反撃は微弱で、終戦までに第1841飛行隊が7月末に九七艦攻を1機、8月9日に流星を1機、合計2機を撃墜したにとどまった。

　この流星を撃墜した8月9日が、第二次大戦でFAAのコルセアが活躍した最後の日となったが、その日は平穏には終わらなかった。当日の夕刻日本本土沿岸で軍艦を攻撃した第1841飛行隊のベテランパイロット、カナダ出身のロバート・グレイ大尉は、1944年4月のノルウェーにおけるティルピッツ襲撃と、今回フォーミダブルから繰り返し実施した日本本土攻撃の両方で見せた独特の肉薄戦法を再度披露して、被弾しながらも目標に50フィート（15m）まで接近して命中弾を与えたが、その直後に起きた爆発の煽りを受け、壮烈な最後を遂げたのであった。グレイはのちにイギリス軍人にとり最高の名誉とされるビクトリア十字勲章を授与され、第二次大戦で同勲章を授与された2人目の海軍パイロットとなった。

　以上が第二次大戦におけるイギリス海軍航空隊（FAA）のコルセアの活躍のあらましである。コルセアを装備した飛行隊の数は最後18個にのぼり、そのうち8個が実戦に参加した。FAAが受領したコルセアはI型、II型、III型、IV型の4種類にわたったが、実戦に参加したのはその

ビクトリアスは1945年8月11日まで、コルセアII、IVおよびアヴェンジャーIIによる日本本土攻撃を実施し、それが終わるとパイロットの休養と燃料等の補給を兼ねて、イギリス太平洋艦隊所属の第38機動部隊とともに戦場を離れ、シドニーに帰った。この写真はシドニーに向かって出発の直前、艦隊の補給艦による補給が終わったところを撮影したもの。飛行甲板上にずらりと並ぶコルセアとアヴェンジャーに混じって、後部甲板にスーパーマリン社の単発、複葉のシー・オター［1938年初飛行の救難・連絡用飛行艇］がポツンと1機だけいるのがいかにもユーモラスだ。（Ronnie Hay）

うちの2種類だけであった。受領した機数は2000を超え、そのうち約40機が1946年8月までFAAに在籍した。

訳注
※25：前者はフェアリー社の複座戦闘機、後者はブラックバーン社の複座攻撃機で、初飛行はともに1937年。
※26：FAAのワイルドキャットについては本シリーズ第8巻『第二次大戦のワイルドキャットエース』を参照。
※27：本書第5章の訳注19を参照。
※28：ノルウェーの経済的、軍事的価値を重視したドイツが1940年4月、巡洋戦艦を含む主力艦艇、航空機および陸軍部隊を派遣してノルウェーの首都オスロ以下の主要な港と飛行場を占拠、イギリスはこの動きを封じるべく同じく主力艦艇と航空機を派遣し、一部では上陸にも成功したが、タイミングの遅れが災いして反抗作戦は失敗に終り、6月までにノルウェーはドイツにより事実上占領された。
※29：開戦直後の自軍の空母が新鋭艦アークロイヤルを除きいずれも旧式で小型かつ鈍足だったため、英海軍はアークロイヤルと巡洋戦艦、巡洋艦各1隻で強力な高速攻撃部隊を編成し、「H」部隊と名付けてジブラルタルに配備した。ドイツ戦艦ビスマルクに魚雷を命中させて撃沈のきっかけをつくったのはこの「H」部隊の艦上機だった。
※30：ファイアフライは1942年末に初飛行したフェアリー社の1730馬力エンジン搭載の単発複座艦上戦闘機で、全体的にフルマーに酷似しているがエンジンがより強力で性能が向上している。

chapter 8

中部太平洋で神風と戦う
the central pacific

ソロモンの戦いが、ほぼ100パーセント陸上基地の飛行隊により遂行されたのに対して、広大な中部太平洋は完全に空母搭載機の縄張りだった。とはいえ、太平洋の島々にはなお多数のコルセア飛行隊が駐屯して、島伝いの蛙飛び作戦から落ちこぼれた島々になお残る日本軍守備隊の鎮圧にあたった。その典型がギルバート諸島とマーシャル諸島で活動した海兵隊のF4Uであり、今や敵航空機の反撃はほとんどなく、日々地上攻撃に明け暮れるのみだった。そしてソロモン作戦がきっかけで日の目を見ることになったF4Uの対地攻撃能力は、この段階で完成のレベルにまで高められ、このあと日本本土攻撃に至るまでの期間、フルに活用されることになるのである。

海兵隊のF4Uは、こうして特殊な任務に従事したために、マリアナ、ギルバート両諸島攻略の際の大航空

アメリカ海軍のコルセアが空母に配備されたのは、1944年11月9日、リチャード・ハーマー少佐指揮の第101夜間戦闘飛行隊VF(N)-101が空母エンタープライズに搭乗して、第10航空群の指揮下にはいったのが最初だった。VF(N)-101は、その夜戦型コルセアF4U-2によって日本機の夜間の襲撃を撃退する任務を与えられ、結果として5機撃墜、1機不確実撃墜、3機撃破の戦果をあげた。写真は昼下がりの日ざしを浴びながら、エレベーターで飛行甲板に運ばれるVF(N)-101のF4U-2。甲板上には先客のVF-10のヘルキャットがずらりと並んでいる。
(National Archives via Pete Mersky)

決戦への参加の機会を逸した。マリアナではヘルキャットを主体とする第58機動部隊の航空機が、サイパン島とテニアン島に集結して反撃に出た日本機を迎撃して延べ200機近くを撃墜する、いわゆる「マリアナの七面鳥狩り」が行なわれたのである。しかし陸上基地の海兵隊コルセア飛行隊も、1944年10月のフィリピン攻撃に際しては、レイテ島侵攻部隊の一翼を担う空母群のための戦闘哨戒飛行を担当して日本機と交戦する機会を得、同時に得意の地上攻撃で地上軍の進撃を助けて、フィリピン解放に尽力した。このフィリピン作戦の順調な進展が、チェスター・ニミッツ提督麾下の高速空母部隊の中部太平洋への迅速な展開を可能にしたのである。

第二時大戦でアメリカ軍から正式に表彰された唯一の軍用機、VMF-111のF4U-1、No.122の晴れ姿。ギルバート、マーシャル両諸島で活躍した同機は、エンジン交換なしに100回の出撃を果たし、その間エンジン不調で途中から引き返したことは皆無という、立派な実績を残した。胴体側面には100個の出撃マークが見える。VMF-111は他の海兵戦闘飛行隊と同じく、飛び石作戦により連合軍が太平洋を島伝いに北上したあと、見捨てられた島々に残る日本守備隊を一掃する任務についたため、日本機とは直接交戦しなかった。(via Phil Jarrett)

これよりだいぶ前にVF-17が、空母飛行隊から陸上基地の飛行隊に強制的に転換させられる前の置き土産に、コルセアが空母で立派に運用できる航空機であることを証明してみせた。彼らはチャンス・ヴォート社の技術者と協力してコルセアの欠点を是正し、その結果、海軍航空局が1944年4月、コルセアを艦上機として正式に認めることになった。しかし時間の遅れが災いして、承認がすんだ時にはハイピッチで生産が進んだF6Fが高速空母上にゆきわたり、本来F6Fよりは多用途に使えるコルセアが割り込む余地はどこにもなかった。

しかし実際にはこうした全体の傾向に逆らうように、一部のコルセアは早くから空母上で戦闘配置についていた。リチャード・「チック」・ハーマー少佐を隊長とする第101夜間戦闘飛行隊VF(N)-101が、4機のレーダー装備の夜戦型コルセアF4U-2を伴って、エンタープライズ上で第10空母航空群の指揮下にはいったのが、1944年1月9日だった(1943年暮れ、夜戦型コルセアの生産遅れのため、VF(N)-75の半分だけが前線に出て、取り残されたあとの半分がVF(N)-101になった。またハーマーは1942年にVF-3に所属してサラトガに搭乗、ガダルカナルでも活躍したF4Fのベテランパイロットで、VF(N)-75では副長だった)。さらに2月19日には、同じく4機のF4U-2で構成されたVF(N)-101の支隊が、イントレピッド上で第6空母航空群の指揮下にはいっていた。

フィリピンのサマール島におけるVMF-222のF4U-1A。同飛行隊は1945年1月から同島に駐留、5月22日に沖縄に移動した。写真手前の機体のエンジンカウルに描かれた大きなマークは米海軍建設隊、通称シービー(SEABEE)のエンブレム。シービーは、大平洋方面で米軍の全飛行場の建設を手掛けたきわめて有能な組織である。VMF-222は南太平洋で撃墜51機、不確実撃墜20機の戦果をあげ、さらに沖縄に移ってから撃墜2機を追加した。(USMC)

夜間の空母上の発着が、海軍のパイロットにとって最も難しい仕事のひとつであることは、まず疑問の余地がない。だとしたら、アメリカ海軍はなぜその仕事にヘルキャットを差し置いて、かつての「あまり出来がよくなかった生徒」であるコルセアをあてがったのか。海軍の上層部

愛妻の名をとって「Mary（メアリー）」と命名したFG-1A［グッドイヤー製のF4U-1A］、BuNo 14056の前に立つVMF-121のフランシス・「エフィー」・ピアス大尉。1944年11月8日の撮影で、場所はペリリュー島。ピアスはまずソロモン方面でワイルドキャットにより4機、次いでVMF-121が1943年4月にF4Uに機種転換してからコルセアで1機、最後1945年4月28日にウルシー環礁の近くで同じくコルセアにより彩雲を1機という順序で総計6機を撃墜した。なおVMF-121はソロモンで総計204.5機を撃墜したが、その後ペリリュー島に移動してからは、約500km離れたヤップ島の地上攻撃に専念したため、敵機との交戦はなかった。(USMC)

1945年1月3日、台湾の嘉義飛行場攻撃に向かうアヴェンジャーと、護衛のコルセア。コルセアは空母エセックスのVMF-124と-213に所属するF4U-1D。海兵隊のコルセアが空母から発進して攻撃に参加したのはこれが最初だった。この攻撃の帰途、VMF-124の隊長ウィリアム・ミリントン中佐が屠龍を1機撃墜して、VMF-124に空母乗り組み後の初戦果をもたらした。(USMC)

が当時コルセアに対して偏見を抱いていたという憶測がもし事実ならなおのこと合点がいかないが、その理由はいまだに謎である。なお夜戦型のコルセアは、空母以外に地上の飛行場を基地とするエヴェレット・ヴォーガン少佐指揮のVMF(N)-532とウィリアム・ウイドヘルム中佐指揮のVF(N)-75にも配備され、この2個飛行隊だけで合計撃墜14, 不確実撃墜4, 撃破3の注目すべき戦果をあげている。

　連合軍艦船に対する日本の神風攻撃がはじまると、アメリカは即座に海兵隊コルセア飛行隊の空母配備を決定した。神風攻撃が本格化したのは1944年10月下旬のレイテ島攻略からであり、神風はほかに頼る術を失った日本の、絶望が生んだ野蛮な攻撃法にすぎなかったが、いざ実行に移すとそれが予想外に効果的なことが判明した。そして日本が戦果を過大に見積もった事実があったにせよ、神風による連合軍側の被害は、実際におそるべきレベルに達したのである。神風が飛来したのは短期間だったが、結果として第二次大戦中に沈没したアメリカ艦船の五分の一強、また同じく大戦中に損傷したアメリカ艦船の二分の一に達する犠牲を強いたのであった。

　神風の脅威に曝されたアメリカ海軍は、最も頼りになる防衛手段は戦闘機以外にないと判断して、空母と艦上戦闘機の増強に走ったが、必要なパイロットを揃える段階で壁にぶつかった。もう戦争は先が見えたという判断のもとに、パイロット養成コースの規模縮小が進んでいたからである。それで急遽海兵隊が動員され、パイロット不足の穴を埋めることになった。海兵隊はすでに1944年夏からCVEプログラムと称して護衛空母にパイロットを乗り組ませ、コルセアを使って訓練を続けていたが、それは機動部隊への参加を前提としたものではなく、陸上基地の海兵飛行隊の支援のためであった。そこへ神風対策の要請がきて、まだ訓練途上にあった海兵隊コルセア飛行隊が、いきなり大型の正規空母に連れていかれた。その結果1945年にはいると、正規空母上の海兵飛行隊の数が10個にまで膨れ上がったが、訓練不足がたたって、正規空母に移されてからしばらくの間は、出撃のたびに事故を起こした。

　これら一連の動きの中で、かつてソロモンで活躍したVMF-124と-213が、36機の真新しいF4U-1Dとともに中部太平洋に進出して、1944年12月28日にウルシー環礁で第38機動部隊所属の空母エセックスへの乗組を完了し、1月3日には早くも台湾の嘉義飛行場攻撃に向かうアヴェンジャーに護衛機として付き添った。同部隊はその後攻撃目標を沖縄に転じたあと南下してフィリピンに向かい、1月6日と7日にルソン島北部を攻撃した。それからルソン島南の海峡を抜けて南シナ海を横断、仏領印度支那のサイゴンに大規模な攻撃をかけ、16日に今度は矛先を転じてホンコン、アモイ、スワトウを襲い、次いで再度台湾を攻撃したのち1月26日にウルシーに戻った。そこで空母を含む全艦隊の司令官がハルゼー提督からスプルーアンス提督に替り[※31]、同時に大型空母ベニントン、ワスプ、エセックス、バンカーヒルの4隻があらたに第58機動部隊を結成して、2月4日に慌ただしく出港した。

1944年12月、空母エセックスのパイロット待機室で打ち合わせを行なう、フィン大尉指揮の「フィンのいかれた野郎ども」(Finn's Fools)編隊のメンバー。左からエドモンド・ハートソック大尉(撃墜2機)、ジョージ・パーカー中尉(撃墜1機)、ハワード・フィン大尉(撃墜6機)、ウィリアム・マックギル中尉(撃墜3機)。フィンはソロモン方面で5機、1945年2月25日の熊谷飛行場攻撃で隼1機をそれぞれ撃墜、その後ドン・カーソン少尉と協同で別の隼1機を撃破した。
(Finn Collection)

各空母にはコルセアを保有する海兵隊2個飛行隊が搭乗し、唯一バンカーヒルが、これに加えて夜間戦闘機ではなく通常の(昼間戦闘機の)コルセアを運用する海軍初の空母飛行隊VF-84を載せていた。VF-84の隊長は、VF-17の副長としてソロモンで活躍したロジャー・ヘドリック少佐である。今回の機動部隊の目標は、ズバリ日本本土だった。もちろんアメリカ軍としては初のこころみであり、硫黄島攻略開始時に上陸軍が攻撃されないよう、事前に本土の飛行場を制圧するための行動であった。第1回の攻撃は2月16日と17日に実施され、終了後南方に移動して今度は硫黄島を襲撃、その後も同島攻撃部隊支援のため2月22日まで周辺を遊弋した。次いで父島を空襲し、25日には再度本土を、3月1日には沖縄を、と順に攻撃を繰り返したのちウルシーに帰投した。

VMF-124と-213両飛行隊の隊長を兼任するウィリアム・ミリントン中佐は1月3日、最初の沖縄攻撃で戦闘哨戒の任務を遂行中に、両飛行隊にとって初の撃墜を記録した。ソロモンで6機撃墜の戦果をあげたハワード・フィン大尉は、機動部隊が神風特攻機と戦った様子を回想して、次のように語った。

「私は幸い空母の発艦と着艦で事故を起したことはなかった。夜間の着艦も無事切り抜けたが、これはむずかしいというより、スリル満点といったほうが当っている。まずレーダーの電波に乗って、母艦の艦尾を頂点として後方に延びる細長いコーンの中に入る。コーンは艦尾の後方2マイル(3.7km)まで伸びていて、それをうまくとらえるとやがて小さな青ランプが見えてくる。そのまま飛んでいると、こちらのコースが正しければすぐに大きな赤ランプが見えてくるから、あとはそれが青ランプの真ん中にくるように操縦するだけだ。夜間はLSO [※32] の姿が見えないから、頼れるのはこのランプしかない。しかしこのシステムに従って飛べば、夜間であろうと悪天候であろうと、いっさい関係なく精密な着艦ができる。

「我々は神風来襲の予告を受けて、緊張の真只中にあった。すでにエセックスに1機が突っ込んで被害が出ていた。神風の防御には、むつかしい理屈は必要なかった。とにかく艦隊の軍艦に到達する前に撃ち落とす、それだけである。神風の特徴は絶対に反撃してこないことで、だから通常の空戦のように、防御に気をくばりながら交戦する必要がなかった。アメリカ側の反応としては、海兵隊員よりも海軍軍人のほうが神風に対してより神経を尖らせる傾向があったが、考えてみれば軍艦は海軍のものであり、当然だった。海軍は艦隊の周囲に駆逐艦で警戒線(ピケットライン)を張る方法を考え出し、我々はその上を飛んで見張りを続けた。神風機にとっては、ピケを張る駆逐艦のそばを通過することが成功の第一歩だから、まずはそこを目がけて飛んでくる。それを撃ち落

1945年2月19日、空母バンカーヒルを発進するVF-84のF4U-1D、No 176。VF-84の隊長ロジャー・ヘドリックは、後に前任者戦死のあとを受けて戦闘飛行隊を束ねる航空群の司令に昇格した。ヘドリックはソロモンのVF-17時代の10機と、バンカーヒルに乗り組んでからの疾風2機とを合わせて12機の撃墜を果たし、最後の撃墜は1945年2月26日で、その時の乗機はF4U-1D BuNo 57803だった。
(National Archives)

1945年2月19日、翼下にロケット弾を懸垂して空母バンカーヒルを離れるF4U-1D、No 183。同空母上ではVF-84、VMF-221、VMF-451がすべての航空機を共同管理した。その後同艦が神風攻撃により大破して戦線を離れたあと、艦上で破壊を免れたコルセアのほとんどが沖縄駐留のVMF-323の手にゆだねられた。(National Archives)

とすのだ。日本はレイテや沖縄では制空権を争おうにももはやその力がなく、ただひたすら連合軍艦船に向けて神風を送り続けたのである。

「台湾のドックを襲撃した時、ついでに駆逐艦を銃撃したら北に向かって逃げたので、再度攻撃するための判断材料にしようと思って、胴体側面に取りつけたカメラで写真を撮った。ところがその直後に海軍機が1000ポンド（450kg）爆弾を命中させたらしく、爆発してたった2分で沈没したのでがっかりした。その次にインドシナを攻撃した時は対空砲火が激しく、こちらのパイロットに数名の犠牲者が出た。しかしジョー・リンチのように、撃墜されたあとジャングルの中を歩いて帰ってきた剛の者もいた。最後に沖縄と台湾を攻撃して、それからウルシーに帰った。

「その次は硫黄島上陸を援護してから一路北へ針路をとり、本土侵攻にそなえて神風攻撃の根源を断つべく、日本本土各地の飛行場を掃射して回った。それを4日から5日続ける間に、目標として指定された東京の北の飛行場に向かう途中、複数の日本戦闘機に遭遇した。どうやら雲の中から急降下して攻撃してから上昇し、また雲にかくれる動作を繰り返しているようなので、編隊をしたがえて旋回しながら待機していると、まず1機が降りてきたので私が撃墜した。次にまた1機が降りてきたから全員で追跡すると、山腹に激突してそれっきりだった。

「飛行場の攻撃は、爆弾とロケット弾なしで、機銃だけ使った。機銃掃射の時は、対空砲火を集中して浴びないよう、みんなでまとまって突っ込むのが原則だった。しかし防御射撃があまり激しくなくて、2回目以降も攻撃が可能と判断した場合は、当該飛行場をいくつかの区画に分け、各編隊に割り当てる方法をとった。のちにロケット弾と爆弾を使うようになったが、そのころには20mm機関砲もその気になれば使うことができた。しかし20mm砲は12.7mm機銃より破壊力がすぐれている反面信頼性に乏しく、全4門のうち1門しか発射しないといったケースがざらで、また高空では必ず凍結した」

3月18日に第58機動部隊が再度日本本土を襲撃する直前、空母エセックスとワスプの海兵隊航空群が、海軍の第83、86航空群と交代した。それで機動部隊のコルセア全体に占める海軍機の割合が以前より増える結果になったが、この新参の海軍航空群は、いずれもF4Uを保有するVBFすなわち爆撃戦闘飛行隊だった。機動部隊自体も空母フランクリン、イントレピッド、ハンコックが加わってさらに強化され、最初の2隻には合計でコルセア5個飛行隊が、また最後の1隻にはコルセ

ア1個飛行隊が搭乗していたから、コルセア飛行隊の数は全部で13に達した。しかし日本本土攻撃の翌19日、フランクリンとワスプが神風機により損傷して戦線を離れると、この数は一気に9まで落ちた。第58任務部隊はこのあと沖縄攻略戦に参加したが、沖縄では日本が当初から神風攻撃を強化したため、5月11日にはバンカーヒルに特攻機が命中して、同空母上の3個飛行隊が戦線から脱落した。ロジャー・ヘドリック中佐はこの時バンカーヒル上にあり、この災厄を身をもって体験することになった。

かつてソロモンで延べ250時間におよぶ出撃の合間に9機を撃墜したヘドリックは、沖縄戦のはじまるちょうど1年前の1944年3月7日、VF-34と交代したVF-17とともにソロモンを去り、次の前線勤務をバンカーヒル上で開始すると同時に、VF-84の隊長に就任したのであった。ヘドリックは2月17日にバンカーヒルを飛び立って日本本土攻撃に向かい、東京郊外の中島飛行機武蔵工場上空で飛燕を撃破して、VF-84移籍後最初の戦果をあげ、同月25日には香取飛行場近郊で疾風2機と零戦1機を撃墜して、彼の個人記録を総計12機撃墜、4機撃破とした。以下はヘドリックの談話である。

1945年3月、日本本土攻撃に向かう第58機動部隊の勇姿。手前のバンカーヒルの前部飛行甲板に、第84航空群のF4U-1Dが並んでいる。当時同航空群は海軍3個戦闘飛行隊と海兵2個戦闘飛行隊の合計5個飛行隊で構成され、保有するコルセアの総数が71機に達した。(via Phil Jarrett)

「VF-84のコルセアは全部F4U-1Dで、これがなかなか優秀だったから、みんな喜んでいた。バンカーヒルには我々「ファイティングエイティフォー」の36機とVMF-451および-221の各18機、合計72機のコルセアが搭載され、その全機が神風の迎撃に動員された。日本は何百機にものぼる神風機を送り込んできたが、我々はこれをごく普通の、常識的な戦法で迎え撃ち、必死で防御した。機動部隊の前方100マイル（160km）の海上には一定間隔で駆逐艦が並び、ピケットラインを形成して警戒と防御にあたっていたが、我々が全力をあげてもこれらの駆逐艦を完全に護ることはできず、結局彼らは甚大な被害を蒙ることになった。レーダーがもっと有効にはたらけば、結果は違っていたと思う。

「本土攻撃を開始して間もなく、飛行場襲撃の際に私のコルセアが被弾して、操縦系統がおかしくなった。両手で力をかけないと操縦桿が動かず、スロットルレバーもがっちり固着してエンジン回転が下がらない。あとでわかったのだが、コントロールケーブルのリンクと一緒にスロットル系のリンクまでがねじ曲がってしまったのだった。でもその状態で疾風(フランク)を2機撃墜して、零戦(ゼロ)同様すぐ爆発することを発見した。特に1機は目の前で爆発したためによける間がなく、大きな火の玉の中にこちらが飛び込んでしまい、爆発でバラバラになったエンジンがどこかにぶつからないでくれるように念じつつ、反射的にヒョイと頭を下げて突っ切ったのを覚えている。

1945年5月11日、神風の命中により炎上するバンカーヒル。たまたま攻撃部隊が発艦準備中だったため、多数の航空機が飛行甲板上で失われ、またすでに発進を終えて空中にあった海兵飛行隊のコルセアは、他の空母への着艦を余儀なくされた。(Robbins Collection)

「そのすぐあとに、私の最後の獲物となった単機の零戦と遭遇した。この時はよく狙って射撃するとすぐ墜落しはじめて、私がその上を通過するかたちになった。おたがいの間隔が20フィート（6m）くらいしかなかったと思う。上から見下ろすと操縦席がはっきり見え、当然脱出してしかるべきなのに、パイロットがじっと座ったままでいた。怪我したのかそれとも別の理由があったのかわからぬまま、墜落するのを見送った。

「燃料残量があやしくなってきて、仲間を集めて帰ることにしたが、スロットルが戻らない私が先頭に立ったから、文字通り『飛ぶように速く』母艦に帰った。しかし回転が上がったままではいくらなんでも着艦できないので、思い切って操縦桿を放り出して両手でエイヤとばかりスロットルを手前に引っ張ったら、奇跡的に成功してプロペラの回転が下がった。ケーブルを通すチューブが曲がって抵抗になっていたのを強引に引っ張ったので、ケーブルがうまくずれたのだった。それでどうにか着艦できて、そのあと調べたら銃弾であいた穴が9個見つかった。この日の3機が私にとって最後の戦果となり、その後もバンカーヒルから何回も出撃したが、遂に一度も射撃のチャンスに恵まれなかった。

「神風の被害を減らすには戦闘哨戒を増やす以外に手がなく、そのために我々はベストを尽くしたがそれは昼間の話で、夜は何もすることがなかった。そしてそのおかげで私は一時的ではあるが、かなり深刻な閉所恐怖症にとりつかれた。バンカーヒルには、夜戦飛行隊のVF(N)-76が少数のレーダーつき夜戦型ヘルキャットF6F-3Nを持ち込み、この時期毎晩のように神風機の迎撃に飛び立って行った。しかしそんな時我々のような昼間専門のパイロットは、整備甲板の下の士官室でトランプ遊びに興ずるか読書するしかない。そのうちに5インチ（127mm）砲の咆哮が聞こえてきて敵が間近に迫ったとわかると、全員が猛然と煙草を吹かしはじめ、部屋中が煙で真っ白になってたがいの顔がかすみ、おぼろにしか見えなくなる。そのうちに40mm砲の射撃がはじまると敵がいよいよ近づいたことがわかり、最後に20mmと12.7mmの発射音がそれに重なると、緊張が限界に達する。でも我々にできることといったら耳をそばだて、神風がどこに当たるか憶測をめぐらせるしかなかった。私はこれが苦手で、こんな状況で黙ってじっとしているのは死ぬよりつらい感じだった。まったく憎らしいことに神風は攻撃兵器としてはきわめて有効で、私の知るかぎり38隻の軍艦が沈められ、中には繰り返し神風が命中した空母すらあったのだ。

「そして5月11日、遂に我がバンカーヒルに神風が命中した。当日私は早番で夜明け前に飛び立ち、自分の航空群の先頭に立って、対空砲制圧のため沖縄飛行場を目指した。バンカーヒルには航空部隊の総指揮官ミッチャー提督が乗っていて、だから提督旗が掲げてあるのだが、私は出撃から帰る度にブリッジに登っていき、提督にじかに状況を報告した。彼は我々が空戦で傷つくことを嫌って、相手に攻撃されない限り空戦を避けるよう厳命した。命令といえば、沖縄島の上空では、味方地上部隊から間違って射撃されないよう、

空母フランクリン上のF4U-1A。1945年3月の時点で、同艦にはVF-5、VMF-214、VMF-452の3個戦闘飛行隊が搭乗していた。以前F6Fで4機撃墜を達成したVF-5のジェイムズ・シラー中尉が、3月18日に零戦1機を撃墜してエースとなったが、皮肉にもその翌日、日本機が投下した爆弾によってフランクリンは大破し、搭載するコルセアとともに戦場から退いた。
（National Archives）

1945年4月16日、沖縄北西で九七戦6機と九九艦爆1機を撃墜したアルフレッド・ラーチ少尉。ラーチの所属するVF-10は、ピケットラインを張って警戒する駆逐艦に突っ込む神風機とその護衛機を、この一日で33機撃墜した。この戦闘に参加したほかのエースパイロットでは、ウォルター・クラーク少佐が3機、チャールズ・ファーマー少尉が4機、フィリップ・カークウッド少尉が6機、ホレース・ヒース少尉が4機をそれぞれ撃墜している。
（National Archives via Grant Race）

特定区域のみを特定高度で飛ぶように指示されていた。しかしたとえその通りにしたところで、激しい戦闘に明け暮れている地上軍が、そんな細かいところまで神経を使ってくれるとは思えず、事実我々は攻撃を開始した途端に、地上の海兵隊から砲火を浴びせられた。それでいったん攻撃を中止して、目標の周囲を大きな円を描いて飛び、地上軍が我々を味方と認めたとわかるまで辛抱強く待つ方法に切り替えたのだった。

沖縄で地上攻撃を終えて基地に引き揚げるVMF-323のF4U-1D。手前から2番目の機体のラックには、まだ5インチ（127mm）ロケット弾が2発吊られたままだ。沖縄では嘉手納と読谷の飛行場に進出したコルセア飛行隊が、地上軍の近接支援と神風阻止の戦闘哨戒飛行を兼務した。地上軍の兵士たちがコルセアを「沖縄の救いの女神」と呼んだという事実が、その近接支援がいかに有効だったかを物語っている。(USMC via Pete Mersky)

「沖縄攻撃から母艦に帰ったのが、ほぼ0900時だった。艦は戦闘準備態勢をとっていたが、非番の連中の中には映画を見ている者もいた。1000時に警戒態勢が一段格下げになったので、私は格納甲板下のパイロット待機室に近い自室に戻り、雷撃飛行隊の午後のスケジュールの変更を検討してから、雷撃編隊長に緊急の出撃の必要がなくなった旨を伝えた。そしてあたらしいスケジュールについて説明しかけた時、衝撃を感じた。それが最初の神風機の命中だった。折悪しく、次の攻撃グループの発艦準備が整ったところに爆弾を抱いた特攻機が突っ込み、VF-84の隊長テッド・ヒルが乗りこんだF4Uのすぐそばに命中したために、飛行甲板上の航空機が全滅した。

「それから3分とたたないうちに、次の特攻機が命中した。今度は艦橋の根元のところで、爆弾が機体を離れて艦に食い込んでから爆発したため、待機室にいたパイロットがほぼ全員即死した。甲板でF4Uの中に座っていたテッドは奇跡的に無事だったが、あとで聞いたら熱で甲板がめくれて彼の真上にかぶさり、それで助かったのだという。私はというと、最初の命中のあと部屋に置いてあったポーカーの稼ぎを鷲掴みにして『海に飛び込んだって離すもんか』と叫びながらみんなと一緒に通路を走るという、わけのわからぬことをやった。前日に補給係が持ち込んだ食料品が通路の片側に山積みになっていて、その中にオレンジがあったのを1個失敬してポケットにねじ込んだ。通路にはどこか上の方から降りてきたガソリンの匂いのする煙がたちこめ、通りすがりに覗いた部屋の中に、じっとして動かない人影がチラッと見えた。ブリッジの下にたどり着いたら、オブザーバーとして乗り組んでいたイギリス海軍のパイロットが、懸命に消火作業中だった。彼とは何回も空戦の戦術について議論し合い、聞き取りにくいイギリス式の発音にしょっちゅう悩まされた仲だったが、この時も『消防ホースが足りないからもってきてくれ』の『消防』が『ひょうぼう……』と聞こえて一瞬戸惑った。しかしそこはとっさの状況判断で切り抜け、ホースをとってきて彼に協力した。

「1800時にようやく火災が下火になり、機関室に閉じこめられていた乗組員を救出した。彼らは熱と煙に巻かれて、機関室に住みついているネズミともども一時は気を失ったらしいが、それにもめげず火災の間じゅう艦のスピードを10ノット以上に維持する離れ業をやってのけたのだった。まだ艦からは真っ黒な煙が立ち昇り、特攻機に『ワレココニアリ』と信号を送っているに等しい状態だったから、とにかくできるだけスピードを上げて一刻も早く現場から遠ざかることが先決だった。私があちこち首を突っ込んでなんとなく忙しく立ち

回っていると、呆然とした顔で、まるで幽霊のように歩いてくるバンカーヒルの機関長に出会った。彼こそはこの艦を動かし続けた功労者だと思うと胸がいっぱいになったが、さっき盗んだオレンジをポケットから取り出して彼の手にそっと握らせるのがやっとで、それ以上何もできなかった。火災は翌朝ようやくおさまった。前もって知らされていたのをすっかり忘れて、何気なく士官室から格納甲板に足を踏み入れたら、そこは死体置き場で、隊の死者全員の姿がそこにあった。その光景を、私は生涯忘れないだろう。翌日葬儀が行われ、我々一同で慎んで水葬に付した。これで我々と神風との戦いは終わった」

訳注：
※31：ハルゼー指揮の第3艦隊は、スプルーアンスのもとで第5艦隊となった。
※32：飛行甲板の後尾に立ち、両手のパッドを使ってパイロットに姿勢修正の合図を送る着艦誘導士官。

海兵隊のF4U沖縄で奮戦
Marine F4Us on Okinawa

　1944年4月7日、海兵隊第31航空群MAG-31が最新のF4U-1Cを連ねて沖縄島に飛来、その2日後にはさらにMAG-33も同じくコルセアで到着した。そして沖縄攻略作戦が終わるまでに、MAG-31所属のVMF-311（隊長ペリー・シューマン大尉：撃墜6機）は読谷を基地に撃墜71機の成績をあげ、またMAG-33所属のVMF-323「死神のあえぎ（デスラトラニーズ）」飛行隊（隊長ジョージ・アクステル少佐：撃墜6機）は嘉手納を基地に撃墜124.5機、味方の損害ゼロという素晴らしい戦果をおさめ、しかも7名のエースを生んだのであった。

　第二次大戦中に結成された海兵隊コルセア飛行隊の最後を飾ったVMF-323は、神風特攻機の迎撃とともに沖縄と日本本土に対する地上攻撃を担当した。ここに紹介するのは、ジョージ・アクステル（初代隊長）、ジェリー・オキーフ（撃墜7機）、ジャック・ブローリングら3名のパイロットによる、VMF-323の活躍の物語である。

　ジョージ・アクステル：「私は1943年に、ノースカロライナ州チェリーポイントの海兵隊航空基地の教官になり、SNJ［※33］による計器飛行訓練を担当した。私自身は少佐になったばかりで、MAG-32の司令でガダルカナルで名誉勲章を受領したジョン・スミス中佐（F4Fで撃墜19機を記録）が直接の上官だった。中佐とはよく一緒に飛び、個人的にも親しくなったが、ちょうど海兵隊の航空部隊の規模が急に拡大された時期でもあり、スミス中佐の推薦によって、私はVMF-323の隊長に任命された。まだ若かったし、自分にほんとうにその資格があるかどうかもわからなかったが、ありがたく拝命することにして、こうなった以上は自分の隊を海兵隊一番の精鋭にしてやろうと決心した。それにはどうすればいいのか、隊員も私もはっきりしたイメージがつかめず、昔の言葉でいう『たがいに切磋琢磨』すればなんとかなるという思いだけが強かった。頼もしいことに隊員はみんな気構えだけは人一倍で、ガダルカナルで空戦を経験したベテランたちを相手に、自信たっぷりで格闘戦の訓練に励んだ。また陸軍航空隊の許しを得てB-24やB-25に仮想敵機になってもらい、大型機相手の模擬攻撃演習もやった。私は隊員に、急降下して攻撃する時は相手の機首に狙いを定めるだけでよく、そうすれば自動的に相手の尾部すれすれをかすめて後方へ抜けられること、また相手の斜め前方のちょっとだけ高

ジョージ・アクステル少佐は1943年に、海兵隊では異例ともいえる若さでVMF-323の隊長に選ばれた。アクステルは1945年4月22日に九九艦爆を5機撃墜、3機を撃破、28日には九七艦攻を1機撃墜した。地上攻撃の際、戦果の報告に正確さを期したい気持ちが人一倍強いアクステルは、攻撃終了のたびに危険を冒して再度低空飛行を敢行する癖があり、ウイングマンが気を揉むことひと通りではなかったという。
（Axtell Collection）

い位置から機首を狙って接近し、ロールを打って降下脱出する飛び方もあることを教えた。ところがいざ実践の段階になって、先頭に立つ私がまず横転してから急降下し、隊員全部がなだれを打ってこれに続いて爆撃機に攻撃をかけたら、むこうの操縦士がよっぽど度胸のないのが揃っていたのか、びっくりして編隊がバラバラになり、二度とこんな危険な練習にはつき合わないと宣告されてしまった。

「実戦で遭遇した日本機は、射撃が命中するとたちまち火を噴き、こちらが追いつき追い越す時に爆発して、大きな火の玉になることが多かった。コルセアのガンカメラは映像が不鮮明なことが多く、そうなるといったい何を写したのか、判読するのに骨が折れた。情報士官がすぐフィルムを持ち去るのも問題で、せめてフィルムのコピーでも手許に残しておいてくれればそれを時間をかけて分析して、自分たちの戦術の反省の道具に使えたのに、残念だった。なぜフィルムを重視するかというと、パイロットの報告というものは、もちろん本人は見たままを正直に話しているのだが、たとえば100ヤード（90m）から射撃したというのがフィルムで見るとどう見積もっても300ヤード（270m）だったりして、事実と食い違うことがあるのだ。いずれにしてもフィルムの映像には、射撃の時間と距離の正しい情報が含まれているから、いろいろ解析的な見方ができる。だからこそ確実に撃墜したかどうかの判定材料にも使えるのである」

F4U-1D、No 51の上に立つVMF-323のジョーゼフ・ディラード中尉。彼は6.333機撃墜の記録保持者だが、その内容は九九艦爆、百式司偵、九七艦攻、彗星とバラエティに富んでいる。(National Archives)

ジェリー・オキーフ：「私たちはハワイで数週間訓練してから南太平洋に乗り込んだが、特別激しい戦闘を経験することもなく、そのまま1945年3月末に沖縄にやってきた。当時私はまだ21歳の若造で、隊長のアクステル少佐もせいぜい23か4だったと思う。私は22になる前にエースになれたが、たぶん海兵隊ではいちばん若いエースだった。アクステル少佐と副長のジェファーソン・ドロー少佐（撃墜6機）と私は、偶然3人揃って同じ日にエースになった。1945年4月22日にドローが2機を撃墜して記録が合計6機になり、アクステルと私がそれぞれ5機に達したからだ。この日は3人が沖縄ではじめて空戦を経験した日でもあった。

「その1週間後の4月28日に、アクステルを先頭に16機で出撃した。私は分隊（2機で構成）のリーダーで、それが当時の私の正規のポジションだった。途中右手下方に、沖縄の味方艦船に向かって南下する不明機が見えたので無線で知らせたが、私以外誰も見たといわないので、許しを得てウイングマンのビル・フッド中尉（撃墜5.5機）とともに離脱して右へ旋回し、徐々に高度を下げながら接近したら、不明機はまさしく敵機と判明した。すぐ編隊に連絡したが、彼らは今や私の後方だいぶ離れた位置に移り、すぐにはきそうもない。やむを得ずフッドに手で合図を送って左右に分かれ、フッドが敵の右後方へ、私が敵の左後方やや上へ出た。我々が射撃を開始すると、敵はあきらかにこちらに気づかずにいて不意打ちをくらった様子だった。最初の航過でフッドが2機を、私が1機を撃墜し、私はさらに垂直降下して逃げる別の1機を追いこれも撃墜した。これで私の記録は総計7機になり、沖縄のトップエースになったが、間もなくラシュマン、ウェード両中尉が同じく7機を撃墜して、並ばれてしまった」

ジャック・ブローリング：「私がいた沖縄の基地は、前線からたったの6マイル

上のディラードと同じVMF-323所属のロバート・ウェイド少尉。彼が座っている機体も、ディラードと同じF4U-1D、No 51である。VMF-323には各パイロットに専用機を割り振る習慣がなかったが、ウェイドがこの写真を撮った時は、1945年4月15日に飛燕を2機、5月4日に百式司偵2機と九九艦爆2機という具合に、すでに立派な撃墜記録を達成済みだったから、このNo 51に描かれた3個の撃墜マークは、ウェイドの初期の成績を表示した名残と考えて間違いない。彼はこのあと百式司偵1機と九九艦爆1機をともに協同撃墜し、また九七戦を3機撃破して、撃墜合計を7機とした。(National Archives)

（10km）しか離れていなかったので、ほかのコルセアが敵を攻撃する姿が肉眼でよく見えた。この距離だと敵に砲撃されるおそれがあったが、作戦の進行とともにその可能性は急速に薄らいだ。

　「対地攻撃に使う爆弾とロケット弾は、どちらも似たようなものだが、投下の仕方が違う。我々が使っていた3.5インチ（89mm）と5インチ（127mm）のロケット弾はどちらも優秀で、破壊兵器としてこれ以上のものはなく、私は好んで使った。ロケット弾は通常45度の角度で急降下しながら発射するが、その時、機速が400mph（640km/h）を超えると昇降舵がきかなくなるので注意が必要だった。狙いをつけるには、ロケット弾なら備え付けの照準器を使えるが、爆弾は落下地点の予測がむずかしい。ナパーム弾は増加タンクと同じ場所に吊るし、内容物ができるだけ広範囲に散らばるよう、地上100フィート（30m）の高さをほぼ水平に飛びながら投下する。ナパームの命中精度は知れているが、うまくいくとトンネルとか洞窟の入り口にドンピシャリ当たることがあった。

　「対地攻撃の話ばかりしたが、もちろん我々は本来まっとうな戦闘機乗りで、空中で敵機を撃ち落とすのが本業だ。しかしいくらそう威張ったところで、相手が現れないことには話にならない。そのいい例が4月22日の接触だった。この日VMF-323はわずか20分のうちに敵機25機を撃墜したが、私の編隊はそのご馳走にありつき損なった。定例の戦闘哨戒飛行をすませてさあ基地に帰ろうという時に、無線で敵機来襲の警告が届き、まだたっぷり燃料が残っていたからこれはシメタと思ったら、沖縄島沖合いのレーダー管制艦から次の任務にそなえて迎撃は見合わせよという指示がきて、やむなくそのまま着陸した。そして次に敵と遭遇しそうになった時、また同じ結果になった。この時はこれから哨戒をはじめようという矢先に、4機の飛燕が我々より低空をこちらに向かって飛んでくるのが見え、早速無線で知らせると、私の分隊リーダーは見えないぞと繰り返すだけで、そっちへ先導しろといわない。編隊のほかのメンバーの中には私同様敵を視認した者もいて、みんな無線でガーガーとわめき散らし、地団駄を踏んだが、リーダーは最後までとり合ってくれなかった。こういう時に先導も命令されず、編隊を離れる許可ももらえなかったらもうおしまいで、我々は完ぺきな勝利のチャンスをみすみす逃がすことになった。結局この敵は、我々の後方にいた別の編隊がおこぼれを頂戴して撃墜した。

　「次が5月28日で、この時もせっかくの獲物を逃がした。夜明け前に母艦を離れて既定の哨戒飛行ルートを飛んでいると、レーダー管制艦から慌ただしく敵機来襲を告げる声が聞こえてきた。おかしなことに、彼らが叫んでいる敵機の居場所は、我々のいる場所と同じではないか。さてはそのへんにいるなと目をこらすと、頭上で敵らしい1機が雲から出たり入ったりしているのが見えた。それですぐ編隊を解いて私を含む2機が雲の上まで上昇し、残りの2機

これもNo 51。前頁から数えて3枚目である。理由は不明だが、この機体はよほど人気があったに違いない。今度のパイロットはジョン・ルーサム中尉で、総計7機撃墜、3機撃破の記録の持ち主である。ルーサムは前頁のウエイドといつも一緒に飛んでいたから、その記録にはウエイドとの協同戦果が多かった。(National Archives)

F4U-1Dの主翼上に並んだVMF-323のパイロットたち。ひとりを除き全員がエースである。左から（カッコ内は撃墜機数）隊長のジョージ・アクステル・Jr少佐(6)、副長ジェファーソン・ドロー少佐(6)、ノーマン・テリオールト中尉(2.25)、アルバート・ウエルズ中尉(5)、フランシス・テリル中尉(6.083)、チャールズ・ダーク少尉(5)、ジョーゼフ・ディラード中尉(6.333)、ジェレミア・オキーフ中尉(7)、デューイ・ダンフォード少尉(6.333)、ウィリアム・フード・Jr少尉(5.5)。(Axtell Collection)

に雲の下で待機の態勢をとらせた。すると敵は我々が全部上昇してくると踏んだらしく、降下を開始した。下で待つ小隊が位置についたと知らせてきたので、こちらも敵を追って降下を開始した。朝の太陽が海面に反射してキラキラと美しく輝くのが見え、日本機はそこへまっしぐらに降りて行ったが、それっきり戻ってこなかった。下で待っていた2機が、この鐘馗をあっさり撃墜してしまったのである」

訳注
※33：ノースアメリカン・テキサンの海軍版。

空母シャングリラ
Shangri-La

バンカーヒルが神風攻撃で損傷して戦線を退くと、第58機動部隊のF4U搭載空母は一時エセックスとベニントンの2隻だけになったが、間もなく第85航空群を乗せたシャングリラが加わってその穴を埋めた。以下はF4U－1C［※34］とともにシャングリラに乗り組んで活躍した第8爆撃戦闘飛行隊VBF－8のジョー・ロビンズ中尉（撃墜5機）による、沖縄戦の回想である。ロビンズはかつてVF－6の一員として空母イントレピッドに搭乗し、F6Fにより日本機を2機撃墜している。

「私たちは1945年4月8日にフォード島を出港して、4月26日に沖縄近海で空母機動部隊に合流した。機動部隊の空母は全部で16隻で、それが3グループに分かれ、ひとつのグループが2日続けて日本本土を攻撃すると1日休むサイクルを繰り返しながら戦闘を続行中だった。5月4日に私は12機のF4U－1Cを引き連れて、沖縄の北12マイル（19km）の沖合で警戒中の駆逐艦を中心に戦闘哨戒(CAP)飛行を実施した。我々の目的とするところは、沖縄の味方地上軍と艦船目がけて本土から来襲する日本機の阻止にあり、中でも上空に護衛戦闘機をしたがえて低高度で侵入してくる神風特攻機は注意が必要だった。この日は早朝にシャングリラを出発して、いつものように機関砲の元スイッチを入れて試射を行ない、定位置に到達するとすぐ哨戒にうつった。哨戒に際しては、私の小隊(フライト)（4機で構成）が20000フィート（6100m）、第2小隊が10000フィート（3000m）、第3小隊が5000フィート（1500m）というふうに、それぞれが高度を違えて飛ぶ方法をとった。哨戒をはじめて間もない0830時に、26マイル（42km）先に不明機ありという知らせがはいった。高度は我々より低いという。

「増加タンクを切り離すのは、敵を確認してからにした。哨戒は何事もなければ4時間続くから、不用意にタンクを落とせないのである。しかし敵が近そうなので、念のため左手を燃料切り替えレバーに添え、必要とあらば即座に回路を増槽からメインタンクへ切り替える態勢をとった。編隊全員に指示して下方を見張っていると、突然上空から約30機の零戦(ゼロ)が襲ってきた。たしかに不意打ちだったが、我々が注意を怠ったからではなく、上空に薄雲がかかって見えなかったのだ。しかし今にして思うと、無線で敵は下だと教えられたのが一瞬の油断につながった可能性もあった。私はしまったと思いながら、反射的に燃料レバーを切り替え、増槽を切り離し、同時に急旋回した。一瞬の素早い動作だったが、これがいけなかった。レバーを切り替えたあと燃料が再び流れ出すまで

F4U－1Dの上に立つVF－85のジョー・ロビンズ中尉。第85戦闘飛行隊VF－85はそのF4U－1Dを、この写真の撮影後すぐに20mm機関砲装備のF4U－1Cに切り替えた上で、主として空中戦闘に従事した。いっぽう地上攻撃任務を主とした第85爆撃飛行隊VBF－85は、12.7mm機銃装備のF4U－1Dを一貫して使用した。ロビンズは以前F6Fに乗っていたが、彼の意見では空母への着艦は、F6Fよりもバブルキャノピーを採用した後期のF4Uのほうが楽だったという。(Robbins Collection)

F4U－1D、No.26の操縦席から、自己の撃墜戦果（7機）を誇らし気に示すVMF－323のジェレマイア・オキーフ中尉。VMF－323は1945年4月22日、わずか20分間の交戦で24.75機を撃墜する大戦果をあげ、オキーフも九九艦爆を5機撃墜した。そのうちの1機はオキーフのF4Uに体当たりを試みたが、失敗して海に突っ込んだという。(O'Keefe Collection)

普通数秒はかかるし、急旋回によっても一瞬サクションが途切れるものなのだ。それが両方重なったものだから、エンジンがバタリととまってしまった。ちょうどその時、敵の1機が10時方向からなんとか撃てる位置に飛び込んできたので、30度の偏角で射撃ボタンを押した。だが反応なし。機関砲が発射しない。ほかの敵機に撃たれてはたまらないから、右に左に精一杯鋭く蛇行する。エンジンは依然停止したままだ。またボタンを押したが、変化はなかった。左右に機体を揺すりながら速度を落とさぬようノーズを下げ、降下する。この間少なくとも敵4機を照準器にとらえたが、タマが出ないから手の下しようがない。

1945年4月下旬、沖縄で整備中のVMF-323のF4U-1D、No 31。エースのフランシス・テリル中尉が頻繁に使った機体らしいが、胴体下側に泥が一杯こびりついているところを見ると、あまり大切に扱われてはいなかったようだ。(Broering Collection)

「我々を襲ってきた敵はあきらかに特攻機の護衛戦闘機で、特攻機は下のどこかにいると思われた。ここまで私は無事だったが、敵は私のウイングマンのフランク・シダルと第2分隊のリーダー、ソニー・チャーノフの2人を撃墜して、それからあっという間に消え失せた。たぶん今ごろ5000フィート(1500m)にいる第3小隊につかまっているに違いないと思いながら16000フィート(4900m)まで降りると、そこでエンジンがかかった。撃墜されたフランクがパラシュートで降りていくのが見えたので近づいて上手に着水するところを見届け、それから彼の頭上を離れずに旋回して、35分後に駆逐艦が救助にくるまでそこにいた。余談だがこの2日後、まだシダルが艦上にいる間に、この駆逐艦に神風が命中するのである。

「この戦闘で、私の小隊の4機全部が機関砲の故障に見舞われ、全然射撃できなかったことがあとでわかった。当時海軍機で20mm機関砲を装備していたのは我々VBF-8のコルセアだけだったので、その日の午後早速自前で射撃テストを行なったところ、15000フィート(4600m)を超えると確実に凍結して機能を喪失することが判明した。この件をワシントンに照会したところ、なんと、高空での機能確認テストを都合で省略したために問題を見逃したという返事が返ってきた！　コンチクショウめが！　結局この問題は、機関を暖めるヒーターが取り付けられるまで、飛行高度を12000フィート(3700m)以下に抑えることで解決するしかなく、よその飛行隊と相談して、対地攻撃とこの規制高度以下の戦闘哨戒飛行を我々が担当し、それより高空の哨戒は12.7mm機銃つきのコルセアをもつVBF-85に依頼した。

「1945年5月11日に、私はまたもや早朝に母艦を離れ、前回と同じく沖縄島の北12マイル(22km)の海上でピケットラインを張る駆逐艦を中心に戦闘哨戒飛行を行なった。今回は総勢16機の大部隊だったが全機がF4U-1Cのため、機関砲の凍結を考慮して私が率いる2個小隊の8機が6000フィート(1800m)を、副長のヒューバート中佐が率いる残り8機が12000フィート(3700m)を飛んだ。私のウイングマンは、撃墜されたあと隊に戻ってきて元気一杯のフランク・シダルだった。哨戒開始の1時間後に、北方に不明機ありとの報告が入り、5分だから距離にして25マイル(46km)ほど飛んだろうか、前方やや下を真っすぐこちらに向かってくる16機の零戦を発見した。奇妙な

ことに彼らは特に編隊を組まず、ただ何となく固まって飛んでいるだけである。高度はこちらが5000フィート(1500m)、零戦が4000フィート(1200m)で、こちらの小隊は第1分隊に対して第2分隊がやや右に寄る隊形をとっていた。

「彼らを見つけたのは小隊の中で私がいちばん早かったからすぐ行動に移り、左に方向を変えると同時に降下を開始して、そのまま襲撃に移った。すると驚いたことに、相手が全方向にパッと散るではないか。これで私のうしろの3機は、それぞれが勝手に獲物を選べる状況になった。私は少し降下の角度ををゆるめながら真正面の零戦に狙いを定め、敵があまり芸のない感じで西へ向きを変えながら降下しはじめたのを追って、ほぼ1000フィート(300m)の高度まで降りた。そこで真うしろについたが、私のまわりに私と同じ方向に飛ぶ日本機がいるのを発見してこれはいかんと思い、ちょっとひるんだ。こういう状況だと、そこらにいる日本機をまとめて一気に葬らない限り、味方の艦船に接近されてしまうからである。だがそれは無理な相談だった。大事なのはまず目の前の相手を早く撃ち落とすことだ。そう考えて気を取り直し、前方の零戦に600フィート(180m)の距離から、見越し角なしで胴体の真ん中めがけて長めの連射を浴びせた。機関砲弾が面白いように命中するのがよく見えたが、なにしろ3発に1発が炸裂弾だからその威力は絶大で、敵の尾翼がバタバタしはじめ、火災にはならなかったがロールしながら急降下に入るとそのまま私の視界から消え去った。こう説明するといかにも長い時間かかったように聞こえるだろうが実際は一瞬の出来事で、パイロットに命中したかどうかまでは到底確認できなかった。でも20mm砲弾を遮るものは何もないはずだから、まず間違いなくパイロットに命中して、彼は死んだと思う。しかし最後を見届けずに撃墜と申告するのはフェアでないから、撃破と申告してそれが公式記録になった。

「こうして最初の零戦を見失ったあと、ひょいと左を見たら、そこに2機目の零戦がいた。空戦のいちばん最初にパッと散ったうちの1機が、そのまま私の真ん前のちょうどいい位置に降りてきたに違いなかった。この直前に私が軽く左へ旋回したために、私を狙うつもりで降りてきたのが行き過ぎて、私の前に飛び出してしまったのだろう。距離は750フィート(230m)で、有効射程距離内の絶好のポジションである。やや長めのバーストを浴びせると、今度はすぐ燃えた。あとで現像したガンカメラのフィルムを見たらパラシュートが写っていたが、不思議なことに機体は火災以外ダメージを受けた様子が見られなかった。

「次にまたしても左側に零戦が現れた。3機目である。どいつもこいつも攻撃してくるところを見ると、みんな神風ではなく、護衛機に違いなかった。特攻機は爆弾だけで、機銃もパラシュートも積まないのが普通なのだ。彼らの集団の中に爆弾を抱えた特攻機がいたかもしれないが、上から見おろした限りではわからなかった。もしいたら、絶対に逃がさずに撃墜しただろう。なにしろ味方の艦船に突っ込むのは彼らなのだから。

愛用のF4U-4, No 13, BuNo 80879の座席に座ったまま記念写真におさまるVMF-222のケネス・ウォルシュ大尉。1945年6月22日、沖縄北方で神風を1機撃墜して帰還したところ。この戦果で彼の記録は総計21機となり、写真左の整備主任ハリー・ロス伍長が、撮影終了後ただちに撃墜マークを1個追加したことになっている。F4U-4は、第二次大戦中のコルセアの最終進化モデルで、出力向上型エンジン、4枚ペラ、頭の出た独特の形状の新型エンジンカウル、床を高くした新設計のコクピット、防弾座席、改良型計器盤、新型キャノピーなどを特徴とする。
(Walsh Collection)

1945年8月17日撮影の空母シャングリラ。同艦に搭載された第85航空群のコルセアは、最初垂直尾翼にGシンボルシステムと称する白い稲妻のマークをつけていたが長くは続かず、7月27日から単なるアルファベットの「Z」に変更された。
(Robbins Collection)

「3機目の零戦は10時の方向で、高度はこちらと同じ1000フィート（300m）だったが、距離が約2000フィート（600m）あり、射撃するには遠かった。すぐ左へ約20度舵を切って追跡に移り、10マイル（19km）ほど追うと前方に高離島（現・宮城島）が見えてきた。敵は海面上100フィート（30m）まで降りて、真っすぐ島に近づいていく。私は追跡にうつる前、フランクにその旨を知らせなかった。我々の間ではそういう手続きは必要ないのである。彼は私の動きを見て、私が追跡を開始することと、そのうちに2人のうちどちらかが敵をものにするであろうことを、正しく理解したはずだった。フランクは長らく私と行動をともにしたが、その間に私が『ああ、あの時前もって説明しとけばよかった』と思ったことは一度もなく、まさにきわめつきともいえるウイングマンだった。そして今、零戦を2人で追いながら、もし敵が目の前の島をよけずに真っすぐ突っ切ったら、その後尾に食いつくのはフランクの役だと私が考えていることも、ちゃんと察しているに違いなかった。島は長さが2マイル（3km）ほどで、あまり高い山はなく、300フィート（90m）ほどの小山が少しあるだけだった。

「ここで突然零戦が左へ30度向きを変えたので、これは迂回するつもりだなと思った。もう島が目の前なのに、依然として高度は100フィート（30m）だ。すれすれに島の端をかすめて向こう側へ出た。さあ元のコースに戻るかなと思ったら、反対にさらに左へ曲がる。私は彼の意図が読めた。我々を誘って低空で彼のあとをつけさせようという、最後の賭けに出たのだ。F4Uは低空できつい旋回をするのが苦手で、下手すれば失速して錐揉みにはいるだけだが、零戦は違う。きつい旋回を難なくこなし、こちらがもたもたしている間にさっさと逃げていくだろう。そうはさせじと私は冷静にかまえて、ちょっと上昇しながら左へゆっくり旋回し、それから右へ戻して彼を真正面に捉えた。彼は800フィート（240m）先のやや下にいる。その状態で長い一撃を浴びせた。見越し角は不要で、ただ上下に少し狙いをずらせ、私の機関砲の弾道の中に彼が自分から飛び込んでいくように撃っただけだった。弾着を確認する間もなく、たちまち爆発が起きて大きな火の玉が出現し、すべてが終わった。我々はゆっくり南東にコースをとり、母艦へと向かった。

「ところがそれから1分か2分しか経たないうちに、第4の零戦が現れた。たった今撃墜したやつの仲間が、救援に駆けつけてきたらしく、11時の方向からこちらに正対するかたちで飛んできて、途中で思い直したのか左に旋回して私の前方を、私と同じ方角に飛びはじめた。こちらの高度が500フィート（150m）で、彼はそれよりちょっとだけ低い。そのうちに勢いをつけてスピードを上げるためか、海面上10ないし25フィート（3～8m）のきわどい高さまで降りたのがわかった。こちらも調子を合わせて100フィート（30m）まで降りる。私は右横にウイングマンを従え、そのまま10分ほどフルスロットルで飛び続けたが、簡単には追いつけなかった。あとで母艦に帰ってシダルが教えてくれたが、この時私のコルセアの排気管から火花が散っていたという。非常に不思議だが、海面上で405mph（652km/h）出るF4Uと同じスピードで相手も飛んでいたことになる[※35]。それでも少しずつ距離がつまり出してはいたが、あまり長くエンジン全開を続けると焼き付くかもしれなかった。そろそろ射撃の潮時だと思ったが、相手を単純に照準器にとらえて撃ったのでは、弾丸が手前の水面を叩くだけだろう。しかしノーズを上げ気味にすれば、800から900フィート（240～270m）先の敵にちょうどうまく届くかもしれない。その先重力で弾道が下へ曲がったってそれはかまわない。そう考えて、距離はたかだか

800だったが、照準器の狙いを相手の上方へずらすことにした。ところが1回撃ったら、たしかに狙ったところに機関砲弾が行ったが、もうその時彼はそこにいなかった。やはり普通の見越し射撃と同じで、弾丸が届いた時相手が確実にそこにいるように狙わなければダメだ。

「もうエンジンが限界に近いから、ここで撃墜しないと、ヘマをしてこっちが水に飛び込むことになりかねないと思った。それにいい加減弾丸を使ったから、これ以上無駄ダマは撃てない。ひょっとして新手の敵が現われるかもしれないのだ。そう自分に言い聞かせて気持ちを落ち着け、ボールを高く投げ上げる要領で慎重に短い連射を放った。敵は一瞬水面を叩いたようだったが、跳ね上がってまた飛んでいく。よし、これで機首を上げ気味にするコツがわかったぞと、また連射を放つ。今度もまた敵は水面を叩いて戻る。もう一度それを繰り返し、四度目にしてはじめて敵は水に飛び込み、そのまま戻らなかった。

「4機目の追跡でクタクタに疲れたが、規定通リレーダー管制艦に報告をいれ、それからフランクと連れ立って母艦に帰った。あとで現像したガンカメラのフィルムは、この日の空戦の情景を余すところなく捉えていた。第2の零戦の私が見落としたパラシュート、第3の零戦の爆発、第4の零戦の跳ねてから海に落ちる瞬間、どれも感動的だった。ガンカメラは銃を撃ち終わっても数秒は回り続けるので、パイロットが最後に見損なったシーンをバッチリ捉えるというのは、まさにほんとうだった。

「1945年7月10日に、16機で編隊を組み、東京近郊の飛行場に戦闘機掃討(ファイタースイープ)を行なった。日本の残存航空戦力を空中、地上を問わず一掃するのが目的で、攻撃の対象となったのは香取(かとり)、銚子(ちょうし)、神ノ池(こうのいけ)、神栖(かみす)、鉾田(ほこた)、柏(かしわ)、印旛(いんば)、白井(しらい)の各飛行場だった。この日は地上の日本機を多数撃破し、しかも反撃に舞い上がってくる敵機もなく、大成功といった感じでいい気分で引き揚げた。この日から8月15日までの間、東京と大阪周辺の飛行場を中心に北海道、本州、九州各地で掃討(スイープ)を頻繁に実施したが、いずれも飛んでいて飛行場が目に入れば攻撃するという、どちらかといえば気楽な任務だった。武器はF4U-1C備えつけの20mm機関砲のほかに、8インチ(203mm)ロケット弾8発と1000ポンド(450kg)爆弾1発もしくは500ポンド(230kg)爆弾2発を携行した。攻撃方法はまず20000フィート(6100m)から急降下に入り、最初に4門の20mm機関砲で射撃し、次いで8インチ(203mm)ロケット弾2発を発射、最後に爆弾を投下するというやり方で、1回の飛行で数カ所の目標を破壊した。

「1945年8月15日、各機1000ポンド爆弾を1発ずつ抱えた我々12機のコルセアは、早朝0530時に母艦を飛び立ち、編隊を組んで一路東京芝浦電気の工場を目指した。手つかずで残った数少ない重要目標のひとつだったので我々は大いに緊張したが、日本の沿岸が見えてきた時突然無線で命令が届いた。『爆弾を投下してただちに帰艦せよ。戦争は終わった！』。さあこれが最後というわけで、早速命令通り爆弾を投下して母艦に戻ろうとしたら、再び無線から声が流れてきた。『おーい、こんなところで爆弾を落とすなよオー！ 俺達下にいるんだからなアー！』。雲があって見えなかっ

1945年7月24日、ロビンズはF4U-1C、BuNo 82749で、パイロット救出のため神戸近くの瀬戸内海に向かうカタリナ飛行艇を護衛した。写真の中央やや右下に、引っ掻いたような×マークがあるが、そこにパラシュート降下したヨークタウンのパイロットが浮かんでいるはずで、手前の島の山の中腹には、救出活動に加わったF6Fらしい飛行機が見える。もう1機、F4Uがいるが、画面には見えていない。結局カタリナは着水して無事にパイロットを拾い上げ、その間ロビンズら第85飛行群のメンバーは、対空砲陣地をあらゆる角度から繰り返し銃撃した。この救出活動中、第85爆撃戦闘飛行隊VBF-85のブルームフィールド少尉が隼1機を撃墜し、また別のVBF-85のパイロット3名がもう1機の隼を協同撃破した。(Robbins Collection)

たが、下を別のグループが飛んでいたのだった！
「この瞬間から我々は攻撃行為をキッパリ中止したが、敵の攻撃行為がまだ続く可能性があった。警戒を弛めるな、もし怪しい航空機が現われたらただちに撃墜してよろしい、しかし『袋だたき』にせずに『そっと』撃ち落とせ(！)、と命令されたが、事実相当数の日本機が攻撃を仕掛けてきて、艦隊の対空砲火と、艦隊の20ないし30マイル(32～48㎞)前方で見張りについていた戦闘機に撃墜された。最後の締めくくりとして、8月22日に戦勝記念の行事が催され、艦隊の上空を1000機にのぼる大編隊が飛んで、私もそれに参加する栄誉に浴した。これがほんとうの終わりだった」

訳注
※34：標準の12.7㎜機銃×6に換えて20㎜機関砲4門を装備している。
※35：この数字自体はあきらかに語り手のパイロットの勘違いで、652㎞/hは高度7000ｍにおけるF4Uの最高速度であって、海面上では510㎞/hが限度である。

付録
appendices

隊員からエースが生まれたコルセア飛行隊一覧

アメリカ海兵隊
第112海兵戦闘飛行隊、第113海兵戦闘飛行隊、第121海兵戦闘飛行隊、第122海兵戦闘飛行隊、第124海兵戦闘飛行隊、第211海兵戦闘飛行隊、第212海兵戦闘飛行隊、第213海兵戦闘飛行隊、第214海兵戦闘飛行隊、第215海兵戦闘飛行隊、第221海兵戦闘飛行隊、第222海兵戦闘飛行隊、第223海兵戦闘飛行隊、第311海兵戦闘飛行隊、第312海兵戦闘飛行隊、第321海兵戦闘飛行隊、第322海兵戦闘飛行隊、第323海兵戦闘飛行隊、第351海兵戦闘飛行隊、第451海兵戦闘飛行隊。

アメリカ海軍
第5戦闘飛行隊、第10戦闘飛行隊、第17戦闘飛行隊、第84戦闘飛行隊、第85戦闘飛行隊、第83爆撃戦闘飛行隊。

イギリス海軍
第47戦闘航空団、第1836飛行隊。

コルセアエースが搭乗した空母とその飛行隊

空母と飛行隊	エース	空母と飛行隊	エース
■英空母ビクトリアス		■米空母フランクリン（CV-3）	
第1836飛行隊（1944年7月～1945年8月）	シェパード	VF-5（1945年2月～同年3月）	シラー
第47戦闘航空団（1944年7月～1945年8月）	ヘイ		
		■米空母バンカーヒル（CV-17）	
■米空母エセックス（CV-9）		VF-84（1945年1月～同年6月）	チャンバース、フリーマン、ギルディア、ヘドリック、レイニー、マーチャント、サージェント、スミス
VMF-124（1945年1月～同年3月）	フィン		
VMF-213（1945年1月～同年3月）	トーマス		
VBF-83（1945年3月～同年8月）	ゴッドソン、ハリス、キンケード、レイディ	VMF-221（1945年2月～同年5月）	スナイダー、バルク、ボールドウィン、スウェット
		VMF-451（1945年2月～同年5月）	ロング、ドナヒュー
■米空母イントレピッド（CV-11）		■米空母ベニントン（CV-20）	
VF-10（1945年3月～同年8月）	クラーク、ファーマー、グレイ、ヒース、カークウッド、ラーチ、クイール	VMF-112（1945年1月～同年6月）	ハンセン、オーエン
		■米空母シャングリラ（CV-38）	
		VF-85（1945年5月～同年8月）	ロビンズ
		■米空母ケープグロースター（CVE-09）	
		VMF-351（1945年4月～同年8月）	ヨスト

米海軍／米海兵隊／英海軍コルセアエース一覧

下記のリストは公式に認定された空戦の戦果をもとに作成したもので、各人の戦果はコルセアによるものと他の機種によるものの両方を含む。部隊名は、複数の部隊に所属した場合、最大の戦果を記録した部隊とした。戦果の数字は撃墜/不確実撃墜/撃破を示し、最後の括弧の中にF4Uによる撃墜数を示した。これらエースによる撃墜戦果の合計は、南西太平洋方面が545.25機、中部太平洋方面が240.083機となる。
(VF=アメリカ(海軍)戦闘飛行隊、VMF=アメリカ海兵戦闘飛行隊)

氏名・階級	所属	部隊名	戦果(F4U)
D・N・ドナルド・アルドリッチ大尉	米海兵隊	VMF-215	20/6/0
S・C・アレイ・Jr少尉	米海兵隊	VMF-323	5/0/0
G・アクステル・Jr少佐	米海兵隊	VMF-323	6/0/3
D・L・バルク大尉	米海兵隊	VMF-221	5/1/2
F・B・ボールドウイン大尉	米海兵隊	VMF-221	5/1/12.5
J・T・ブラックバーン少佐	米海軍	VF-17	11/5/3
J・F・ボルト・Jr中尉	米海兵隊	VMF-214	6/0/0
G・ボイントン少佐	米海兵隊	VMF-214	28/4/0 (22)
R・L・ブラウン大尉	米海兵隊	VMF-215	5/2/1
W・P・ブラウン・Jr中尉	米海兵隊	VMF-311	7/0/0
H・M・バリス中尉	米海軍	VF-17	7.5/0/0
M・E・カール少佐	米海兵隊	VMF-223	18.5/0/3 (2)
W・A・カールトン大尉	米海兵隊	VMF-212	5/2/1
W・N・ケイス中尉	米海兵隊	VMF-214	8/1/0
D・キャズウェル中尉	米海兵隊	VMF-221	7/1/0
C・J・チェンバーズ中尉	米海軍	VF-84	5.333/0/1
C・チャンドラー中尉	米海兵隊	VMF-215	6/0/0
O・I・チェノウェス大尉	米海軍	VF-17	8.5/2/0 (7.5)
W・E・クラーク少佐	米海軍	VF-10	7/0/0 (3)
A・R・コナント大尉	米海兵隊	VMF-215	6/3/0
P・コードレー大尉	米海軍	VF-17/-10	7/1/3
W・E・クロウ大尉	米海兵隊	VMF-124	7/1/1
D・G・カニンガム中尉	米海軍	VF-17	7/0/1.25
J・N・カップ大尉	米海兵隊	VMF-213	12.5/2/0
M・W・ダヴェンポート大尉	米海軍	VF-17	6.25/0/0
P・C・デロング中尉	米海兵隊	VMF-212	11.166/1/2
J・V・ディラード中尉	米海兵隊	VMF-323	6.333/0/0
E・ディロウ中尉	米海兵隊	VMF-323	6/2/1
A・G・ドナヒュー少佐	米海兵隊	VMF-112	14/1/0 (12)
J・D・ドロー 少佐	米海兵隊	VMF-323	6/2/0
C・W・ドレーク中尉	米海兵隊	VMF-323	5/1/0
D・F・ダンフォード中尉	米海兵隊	VMF-323	6.333/0/0
H・McJ・エルウッド少佐	米海兵隊	VMF-212	5.166/2/0
L・D・エヴァートン少佐	米海兵隊	VMF-113	12/1/0 (2)
C・D・ファーマー中尉	米海軍	VF-10	7.25/0/0 (4)
W・ファレル中尉	米海兵隊	VMF-312	5/1/0
H・J・フィン大尉	米海兵隊	VMF-124	6/0/0.5
D・E・フィッシャー中尉	米海兵隊	VMF-214	6/1/0
K・M・フォード大尉	米海兵隊	VMF-121	5/1/0
D・C・フリーマン大尉	米海軍	VF-17/-84	9/2/0
J・T・ギルディア中尉	米海軍	VF-84	7/1/2
C・D・ジル大尉	米海軍	VF-17	8/0/0.5
L・W・ゴッドソン大尉	米海軍	VBF-83	5/0/0
L・E・グレイ中尉	米海軍	VF-10	5.25/0/0 (2)
F・E・ガット大尉	米海兵隊	VMF-223	8/0/1 (4)
A・E・ハッキング・Jr中尉	米海兵隊	VMF-221	5/1/0
S・O・ホール中尉	米海兵隊	VMF-213	6/0/0
H・ハンセン・Jr少佐	米海兵隊	VMF-112	5.5/0/2.5
R・M・ハンソン中尉	米海兵隊	VMF-215/-214	25/2/0
W・H・ハリス大尉	米海軍	VBF-83	5/0/1
R・C・ヘイ中佐	英海兵隊	英海軍第47戦闘航空団	7/0/3 (4)
H・W・ヒース少尉	米海軍	VF-10	7/0/0

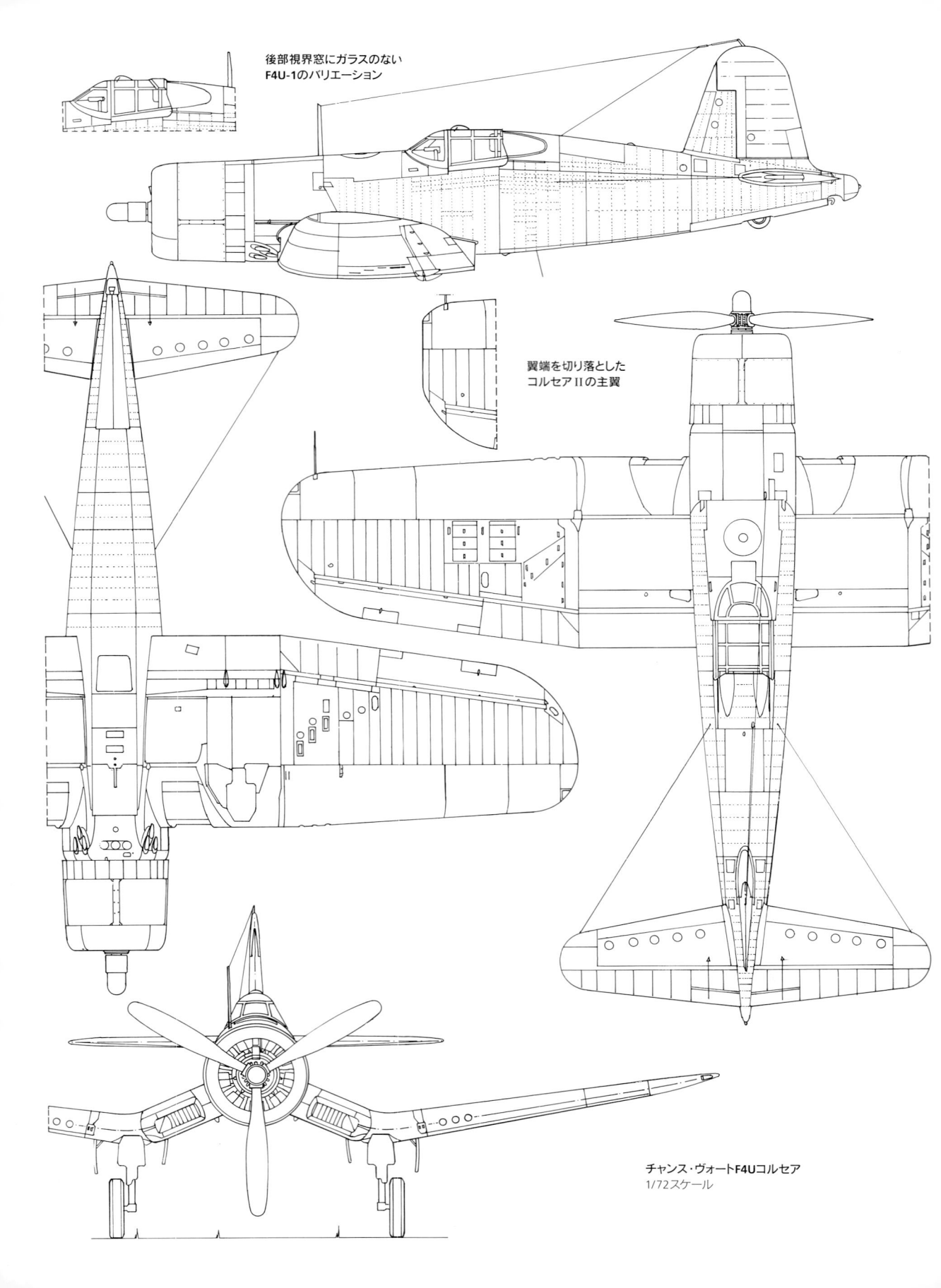

後部視界窓にガラスのない
F4U-1のバリエーション

翼端を切り落とした
コルセアIIの主翼

チャンス・ヴォートF4Uコルセア
1/72スケール

F4U-1

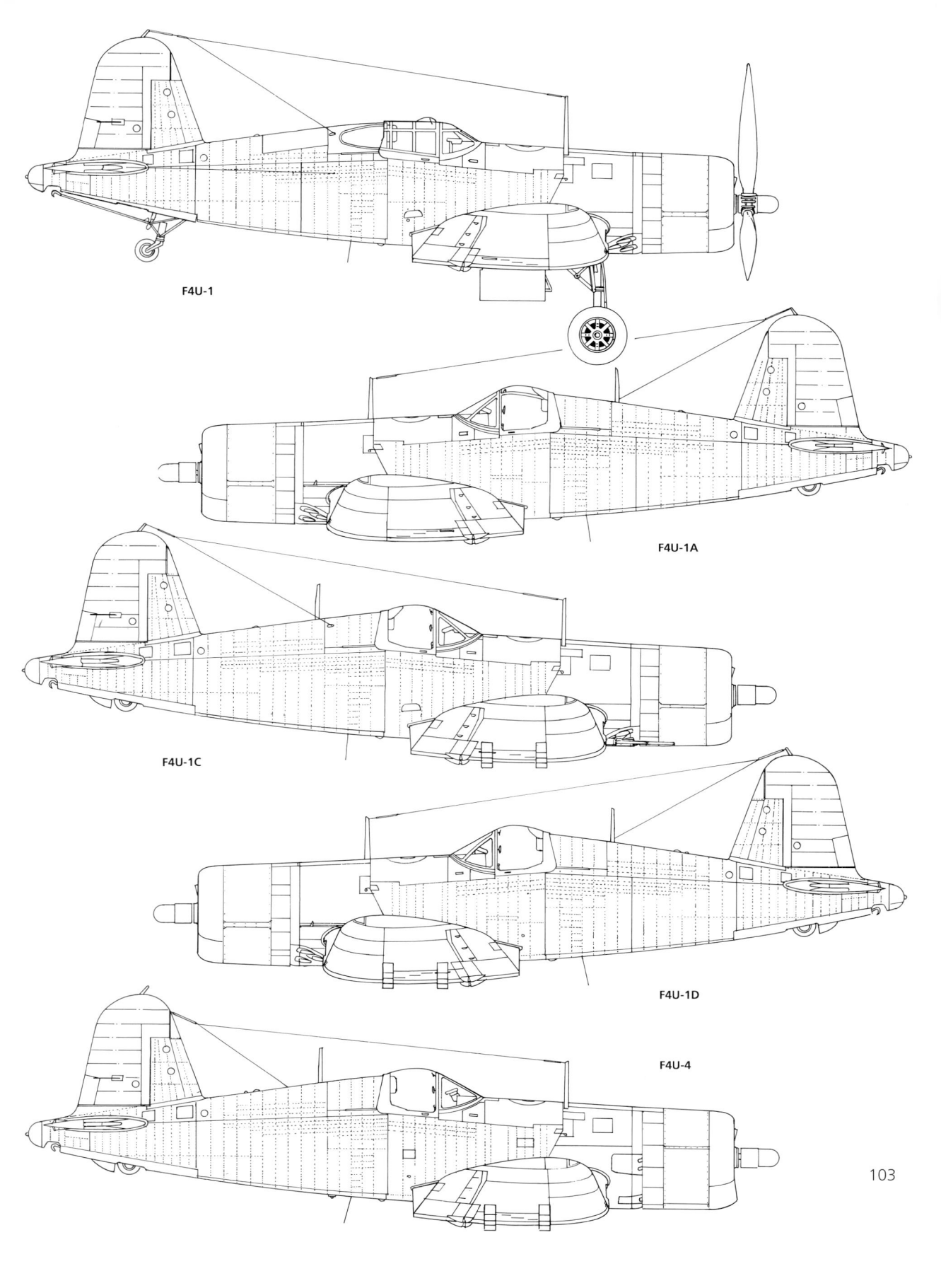

F4U-1A

F4U-1C

F4U-1D

F4U-4

氏名・階級	所属	部隊名	戦果(F4U)
R・R・ヘドリック少佐	米海軍	VF-17/-84	12/0/4
E・J・ハーマン・Jr中尉	米海兵隊	VMF-215	8/1/0
W・L・フッド・Jr中尉	米海兵隊	VMF-323	5.5/0/2
J・C・ハンドリー中尉	米海兵隊	VMF-211	6/1/0
J・W・アイルランド少佐	米海兵隊	VMF-211	5.333/2/0
A・J・ジェンセン中尉	米海兵隊	VMF-214/-441	7/1/0
C・D・ジョーンズ中尉	米海兵隊	VMF-222	10/0/0 (7)
I・C・ケプフォード中尉	米海軍	VF-17	16/1/1
R・A・キンケード大尉	米海軍	VBF-83	5/0/0
P・L・カークウッド中尉	米海軍	VF-10	12/1/0 (8)
W・G・レイニー大尉	米海軍	VF-84	5/2/1
A・ラーク少尉	米海軍	VF-10	7/0/0
H・H・ロング少佐	米海兵隊	VMF-121/-451	10/0/0 (7)
J・P・リンチ大尉	米海兵隊	VMF-224	5.5/0/0 (2)
J・B・マーズ・Jr少佐	米海兵隊	VMF-112/-322	5.5/1/0 (2.5)
C・L・マギー中尉	米海兵隊	VMF-214	9/0/2
L・A・マベリー中尉	米海軍	VF-84	5/0/0
H・A・マーチ・Jr大尉	米海軍	VF-17	5/0/0 (4)
E・メイ中尉	米海軍	VF-17	8.5/0/0
H・A・マッカートニー中尉	米海兵隊	VMF-121/-214	5/2.5/0 (4)
R・W・マクラーグ中尉	米海兵隊	VMF-214	7/2/0
J・マクマナス中尉	米海兵隊	VMF-221	6/0/0
R・ミムス中尉	米海軍	VF-17	6/3/0
J・L・モーガン中尉	米海兵隊	VMF-213	8.5/0/0
P・A・ミューレン中尉	米海兵隊	VMF-214/-122/-112	6.5/1/1
J・J・オキーフ中尉	米海兵隊	VMF-323	7/0/0
E・L・オランダー大尉	米海兵隊	VMF-214	5/4/0
E・F・オーヴァーエンド少佐	米海兵隊	VMF-321	8.333/0/0 (3)
D・C・オーエン大尉	米海兵隊	VMF-112	5/0/1 (2.5)
R・G・オーエンス・Jr少佐	米海兵隊	VMF-215	7/4/0
J・G・パーシー中尉	米海兵隊	VMF-112	6/0/1 (1)
F・E・ピアス・Jr大尉	米海兵隊	VMF-121	6/1/0 (1)
J・ピットマン・Jr中尉	米海兵隊	VMF-221	5/2/0 (3)
R・B・ポーター少佐	米海兵隊	VMF-121	5/1/1 (3)
G・'H'・ポスケ少佐	米海兵隊	VMF-212	5/1/0
N・T・ポスト・Jr少佐	米海兵隊	VMF-221	8/0/0 (5)
E・A・パウエル大尉	米海兵隊	VMF-122	5/0/0 (4)
N・R・クワイル少尉	米海軍	VF-10	6/0/0
T・H・リーディ大尉	米海軍	VBF-83	10/0/0
J・H・リーンバーグ少佐	米海兵隊	VMF-122	7/2/0 (4)
J・D・ロビンズ大尉	米海軍	VF-85	5/0/1 (3)
J・W・ルーサム中尉	米海兵隊	VMF-323	7/0/3
D・H・サップ少佐	米海兵隊	VMF-222	10/4/2
J・J・サージェント中尉	米海軍	VF-84	5.25/0/2 (1)
H・V・スカーバラ・Jr中尉	米海兵隊	VMF-214	5/0/0
J・E・シラー中尉	米海軍	VF-5	5/1/0 (1)
R・B・シー中尉	米海兵隊	VMF-321	5/0/0
H・E・シーゲル中尉	米海兵隊	VMF-221	12/1/0
E・O・ショー中尉	米海兵隊	VMF-213	14.5/1/0
D・J・シェパード大尉	カナダ海軍	英海軍 第1836飛行隊	5/1/0
P・L・シューマン大尉	米海兵隊	VMF-121	6/1/0
W・E・シグラー大尉	米海兵隊	VMF-112/-124	5.333/1/0 (4.333)
J・M・スミス中尉	米海軍	VF-17/-84	10/3/1
W・N・スナイダー中尉	米海兵隊	VMF-221	11.5/1/0 (8.5)
H・L・スピアーズ大尉	米海兵隊	VMF-215	15/3/0
F・J・ストリーグ中尉	米海軍	VF-17	5/0/2
J・E・スウェット大尉	米海兵隊	VMF-221	15.5/4/0.25 (8.5)
S・T・サイナー中尉	米海兵隊	VMF-112	5/0/0 (3)
F・A・テリル中尉	米海兵隊	VMF-323	6.083/0/4
F・C・トーマス・Jr中尉	米海兵隊	VMF-211	9/2.5/4

氏名・階級	所属	部隊名	戦果(F4U)
W・J・トーマス大尉	米海兵隊	VMF-213	18.5/3.333/3
H・J・ヴァレンタイン大尉	米海兵隊	VMF-312	6/1/0
M・N・ヴェダー中尉	米海兵隊	VMF-213	6/0/0 (4)
R・ウェード中尉	米海兵隊	VMF-323	7/0/3
K・A・ウォルシュ大尉	米海兵隊	VMF-124/-222	21/2/1
A・T・ワーナー少佐	米海兵隊	VMF-215	8/2/0/ (7)
G・J・ワイセンバーガー少佐	米海兵隊	VMF-213	5/0/0
A・P・ウェルス中尉	米海兵隊	VMF-323	5/0/0
G・M・H・ウィリアムズ中尉	米海兵隊	VMF-215	7/2/0
D・K・ヨスト中佐	米海兵隊	VMF-351	8/0/0 (2)
M・R・ヤンク少佐	米海兵隊	VMF-311	5/0/0/ (2)

カラー塗装図　解説
colour plates

1
F4U-1 「黒の17」 1943年2月　ガダルカナル
第124海兵戦闘飛行隊　ハワード・フィン中尉

「聖バレンタイデーの大虐殺」が起きた2月14日、フィンはこれに乗って、ブーゲンビル島カヒリ飛行場を攻撃する爆撃機の編隊を護衛した。その途中編隊を離れて単機で零戦を追跡したが、たちまち多数の零戦に襲われて逃げ戻り、B-24の陰に隠れて難を逃れた。そのB-24の機銃射手が敵機撃墜申告の証人として、近くにいた機番「17」のコルセアのパイロットを指名したため、翌日陸軍航空隊の情報士官が基地を訪れ、フィンに真否を問いただしたという。操縦席横の黒字の番号がいかにも小さいが、VF-124がはじめて実戦に参加した当時はこれが標準だった。塗装は上半分がブルーグレイで下半分がライトグレイのツートーンになっているが、主翼折り畳み部分だけは上下面ともブルーグレイである。

2
F4U-1 「白の13」 BuNo 02350　1943年8月　ムンダ
第124海兵戦闘飛行隊　ケネス・ウォルシュ少尉

国籍マーク前方の白字の番号とは別に、操縦席の真横とエンジンカウリング先端に以前の黒い番号の痕跡が見える。VMF-124が最初にコルセアを受領した時、当時の隊長ガイス少佐は各機を個々のパイロットに割り当てた上で、各人が自分の機体の整備作業に立ち会い、コルセアの構造をしっかり覚えるよう命令したといわれる。[BuNoは海軍航空局が管理する海軍、海兵隊機の一貫製造番号]

3
F4U-1 「白の114」 1943年8月　ムンダ
第124海兵戦闘飛行隊　ケネス・ウォルシュ少尉

ウォルシュは1943年8月15日にこのコルセアに乗り、ベララベラ島近傍で九九艦爆2機と零戦1機を撃墜した。ウォルシュの日誌にはこの日BuNo 02350に乗ったとあるが、それはベララベラ攻撃のどさくさが原因で起きたに違いない彼のかんちがいである。この「白の114」はムンダで共同使用に供されたコルセアのうちの1機で、114の番号はBuNoとは関係がない。

4
F4U-1 「白の13」 1943年9月　ラッセル諸島
第124海兵戦闘飛行隊　ケネス・ウォルシュ中尉

ウォルシュが3回目の前線勤務の後半に乗った機体。操縦席のやや後方の白の機番「13」と、主翼の国籍マークに現地で追加した白帯が特徴。ウォルシュは4回目の勤務ののち本国に戻り、ジャクソンビル海軍航空基地で訓練航空団の教官をつとめたが、1945年4月再度前線に戻ってVMF-222に加わった。

5
F4U-1 「白の7／DAPHNE 'C'」 BuNo 02350　1943年7月
ガダルカナル　第213海兵戦闘飛行隊　ジェイムズ・カップ大尉

カップが2回目の前線勤務中の1943年7月15日に初撃墜(一式陸攻と零戦各1機)を果たした機体。操縦席横とエンジンカウル先端の消えかかった黒の「13」は昔のナンバーである。またキャノピー下の4個の撃墜マークは、カップが同月17日にF4U-1、BuNo 02580に乗って2回目の撃墜(2機)を果たし、撃墜合計が4機となったのに応じて描かれたもの。

6
F4U-1 「白の15／DAPHNE 'C'」 BuNo 03829
1943年9月　ムンダ　第213海兵戦闘飛行隊
ジェイムズ・カップ大尉

カップは1943年9月11日にこの機体で鐘道と零戦各1機を撃墜し、スコア総計を7とした。この図では「白の15」のナンバーははっきりしているが、撃墜マークはどういうわけか6個しかない。カップのトレードマークである「13」の数字と「DAPHNE 'C'」の文字がカウリングに薄く表示されているが、じつはこのカウリングは、カラー図5のBuNo 02350からはずしてきたものだった。

7
F4U-1 「白の11／Defabe」 1943年7月　ガダルカナル
第213海兵戦闘飛行隊　ジョージ・デファビオ中尉

デファビオの個人マーキング、2個のさいころと「Defabe」の文字を表示した機体。デファビオはエースにはならなかったが、6月30日、7月11日、7月17日とたて続けに零戦を合計3機撃墜して注目を集めた。VMF-213は各パイロットに専用機をあてがっ

たが、実際は誰もが自分の機体より他人の機体で出撃したほうが多かったといわれ、それは管理担当士官だったジム・カップが各機体のコード番号や愛称をいっさい無視して、とにかく飛べる機体をどしどし各人にあてがった結果だともいわれる。だとしたら、デファビオが7月にムンダで対空砲火により危うく撃墜されそうになった時乗っていたのが、自分の個人マーキングのついたこの機体だったのは、ただの偶然なのだろうか。

8

F4U-1 「白の10／GUS'S GOPHER」 1943年7月
ガダルカナル 第213海兵戦闘飛行隊
ウィルバー・トーマス中尉

トーマスの「GOPHER」は、操縦席横の8個の撃墜マークと、カウリング側面のディズニー漫画のキャラクターの絵が特徴だが、いずれも左舷側にあるため、この図では「GUS'S GOPHER」の文字しか見えない。8個の撃墜マークは、トーマスが2回目の前線勤務の間に達成した撃墜7、不確実撃墜1の記録を表わす。トーマスは6月30日に、ブランチ海峡で最初の撃墜を達成したが、それは零戦4機撃墜、同1機不確実撃墜という素晴らしい内容だった。続いて7月15日にベララベラ島で零戦2機と一式陸攻1機を撃墜し、その後もその調子でグングン成績を伸ばして、最終的に撃墜18.5、不確実撃墜3.333、撃破3を達成し、VMF-213のエース中最高の成績を残した。彼のこの記録は、大部分が1943年に南西太平洋方面でつくられ、その後空母エセックスに搭乗してからの分は1945年2月の零戦2機撃墜、同0.333機不確実撃墜、隼2機撃破のみである。

9

F4U-1 「白の10／GUS'S GOPHER」 1943年7月
ガダルカナル 第213海兵戦闘飛行隊
ウィルバー・トーマス中尉

上の図の「GOPHER」の右舷側。「GOPHER」[ディズニー漫画のキャラクター]の絵が見える。VF-213のコルセアはこの機体同様、ほとんどがなんらかのニックネームを与えられ、それが片側に文字、反対側に絵で表示されていた。また胴体の国籍マークの前方には白字で、主脚の前方に開くドアには小さな黒字で、それぞれ機番が記入されていた。

10

F4U-1 「白の20」 1943年7月 ガダルカナル
第213海兵戦闘飛行隊 フォイ・ガリソン中尉

ガリソンは1943年6月30日に零戦を一日で2機撃墜して将来を嘱望されたが、7月17日に惜しくも撃墜され、エースになることなく戦死してしまった。これは彼に割り当てられた機体で、カウリングの美しい鷲の絵が印象的である。アンテナマストが操縦席前方に1本しかないのは初期のF4U-1にほぼ共通する特徴で、またこの場合長さが2種類あるうちの長い方がついている。

11

F4U-1 「白の125」 BuNo 02487 1943年7月
ガダルカナル 第221海兵戦闘飛行隊 ドナルド・バルク中尉

6月6日、バルクはこれに乗って、レンドバ島近くで零戦を1機撃墜した。彼のソロモンにおける戦果は撃墜2機だけだったが、その後空母バンカーヒルに移ってから撃墜総数を5機に伸ばした。

12

F4U-1 「白の590」 BuNo 17590 1944年1月 バラコマ／トロキナ 第215海兵戦闘飛行隊 アーサー・コナント大尉

コナントは1944年1月14日、この機体でラバウルへ向かう爆撃機を護衛して、その途上零戦を1機撃墜した。VMF-215には個々のパイロットに専用機を割り当てる制度がなく、そのため同じ機体に二度乗ることは稀だったという。それはコナントの撃墜履歴にも表れていて、1943年8月25日にF4U-1、BuNo 02371で隼2機撃墜および1機不確実撃墜、同年9月1日にF4U-1（詳細不明）で零戦1機撃墜、1944年1月30日にF4U-1A、BuNo 17833で零戦1機撃墜、同年1月F4U-1、BuNo 17833で零戦1機撃墜、同年1月18日にF4U-1A、BuNo 17735で零戦1機撃墜という具合に、機体がじつに目まぐるしく変わっている。図のF4U-1「白の590」、BuNo 17590は、キャノピー最後部をぐるりと取り巻く細長い透明部分がなく、国籍マークには現地塗装の白帯がつき、またBuNoの最後の三桁をとって白ペンキで記入した機番「590」の下に、昔の番号を消した跡が見える。

13

F4U-1A 「白の735」 BuNo 17735 1944年1月
バラコマ／トロキナ 第215海兵戦闘飛行隊
アーサー・コナント大尉

コナントは1944年11月18日、これに乗ってラバウル空襲の爆撃機を護衛中に零戦を1機撃墜した。かなり傷んだ三色迷彩塗装と、国籍マークに現地で追加した白帯が目立つ。この三色塗装は、上から光を浴びた時に飛行機に濃淡もしくは陰ができないように考えられたもので、当たり前の話だが物体に上から光をあてると上が明るくなり、下側が暗くなるが、上側の色を暗くして、下にいくほど明るい色にすればそれを防ぐことができる。だからこの機体は上側を半艶のシーブルー（一部反射を防ぐ必要のある箇所だけ艶消しのシーブルー）、垂直尾翼をインターミディエイトブルー、下側をインシグニアホワイトで仕上げている。胴体の中段はほんとうはダークブルーから次第にホワイトになるようグラデーションをかけるべきだが、それではあまりに面倒なので、省略してインターミディエイトブルーですませている。この三色塗装は1943年1月5日に制定された。

14

F4U-1 「白の75」 1943年8月 ムンダ
第215海兵戦闘飛行隊 ロバート・オーエンス・Jr少佐

オーエンスは総合で撃墜7、不確実撃墜4の成績を残した。その経過をたどると、1943年8月21日にBuNo 02656で零戦を1機撃墜、8月22日に同じ機体で零戦を1機撃墜、2機不確実撃墜、8月30日に零戦を1機撃墜、1944年1月14日にBuNo 17927で零戦を2機撃墜、1月22日にBuNo 17937で零戦を1機撃墜とかなり急ピッチで、1月24日のF4U-1A BuNo 55825による鍾馗1機撃墜、零戦1機撃墜が最後の戦果になった。

15

F4U-1 「白の76／Spirit of '76」 BuNo 02714
1943年8月 ムンダ 第215海兵戦闘飛行隊
ロバート・オーエンス・Jr少佐

この図のF4Uは、たしかにオーエンスの指定にしたがって「Spirit of '76」と命名されたが、だからといって彼専用の機体になったわけではなく、彼がこれに乗ったのは1943年7月31日、ムンダ近傍で彼らがいうところの「場末の区域」を哨戒した時だけで、

それ以外は乗っていない。この三色迷彩は現地で塗装されたもので、胴体中心線から下の中間色をうまくぼかしながらいちばん下の白につなげている。現地塗装のこの特徴に対して、生産工場の塗装は境界線にぼかしをかけない点が対照的である。国籍マークには、1943年7月31日に制定された、インシグニアブルーの枠がついた白帯が追加されている。

16

F4U-1A　白の596/BuNo 17596　1944年2月　トロキナ
第215海兵戦闘飛行隊　ロバート・ハンソン中尉

ハンソンはその撃墜25機、不確実撃墜2機という素晴らしい実績と、それを1943年8月から1944年1月までのきわめて短い期間に達成した点で、第二次大戦のアメリカのエースの中でも際立った存在といえる。ハンソンはいったん敵と遭遇すると2機以上を撃墜することが多く、1944年14日に零戦5機撃墜、同月24日に零戦4機撃墜、26日に零戦3機撃墜、1機不確実撃墜、30日に零戦2機と鐘馗2機撃墜、という調子で、急ピッチで記録を伸ばした。だが1944年2月3日、ニューアイルランド島のセントジョージ岬付近の対空砲陣地を攻撃中に被弾して撃墜され、戦死した。

17

F4U-1A　「白の777」　BuNo 17777　1943年11月
ベララベラ　第212海兵戦闘飛行隊　フィリップ・デロング中尉

デロングはVMF-212のエースの中では最高の、撃墜11.166、不確実撃墜1、撃破2の記録を残した。その経過は、1944年1月9日にF4U-1A、BuNo 17878に乗って零戦を2機撃墜、1機撃破、1月17日にF4U-1A、BuNo 17485で零戦を2機撃墜、1月23日にF4U-1A、BuNo 17878で零戦1.8333機を撃墜、1月29日にF4U-1A、BuNo 17894で零戦1機を撃墜、1月31日にF4U-1A、BuNo 17879で零戦三二型1機を撃墜、2月15日にF4U-1A、BuNo 55809で九九艦爆を3機撃墜というものだった。デロングが図の「白の777」に乗ったのは、11月の4、12、13、18日だけだった。

18

F4U-1A　「白の722A」　BuNo 17722　1943年11月
ベララベラ　第212海兵戦闘飛行隊　フィリップ・デロング中尉

デロングは11月11日にこのF4Uに乗って、第50機動部隊の空母から発進したラバウル攻撃部隊の護衛にあたった。典型的な三色迷彩と、国籍マーク前方の三桁のコード番号以外、これといった特徴がない機体である。BuNoの末尾三桁をそのまま識別コード番号とする方式に踏み切った飛行隊は、今度は隊内に同じコード番号の機体が2機存在する問題に直面して頭を抱え、結局片方の番号の末尾に「A」を付けることで解決をはかった。図の機体の機番「722A」がまさにそれに該当する。

19

F4U-1　「白の576／MARINE'S DREAM」
BuNo 02576　1943年10月　ムンダ
第214海兵戦闘飛行隊　エドウィン・オランダー中尉

オランダーはこの機体に乗って1943年10月7日、カヒリ飛行場に対し戦闘機掃討を実施、そのついでに零戦を1機撃墜した。彼はそのほかに1943年10月10日にBuNo 02309を操縦して零戦を1機撃墜、1機不確実撃墜、10月18日にも零戦を1機撃墜、1機不確実撃墜、12月28日にはBuNo 17875で零戦を1機撃墜、12月30日にBuNo 17792で再び零戦を1機撃墜、1機不確実撃墜し、最終スコア撃墜5、不確実撃墜4を達成した。この「白の576」の三色迷彩塗装も国籍マークの修正も、全部現地で実施されたものである。前頁のカラー図12「白の590」同様、キャノピー最後部の細長い透明部分がない。

20

F4U-1　「白の93」　BuNo 17430　1944年1月
ベララベラ／トロキナ　第214海兵戦闘飛行隊
エドウィン・オランダー大尉

オランダーは1944年1月4日、この「93」に乗ってベララベラとトロキナの間を往復した。この機体の三色迷彩塗装と国籍マークの修正も現地で実施されたものである。

21

F4U-1A　「白の740」　BuNo 17740　1943年12月
ベララベラ　第214海兵戦闘飛行隊長
グレゴリー・ボイントン少佐

ボイントンは1943年9月7日にVMF-214の隊長に就任し、1944年1月3日に撃墜されて捕虜となったが、この短い間だけで撃墜22機、不確実撃墜4機の戦果をあげた。日本戦闘機を少しでも多く破壊する目的でラバウル飛行場に対し戦闘機掃討を行なったのは、VMF-214が最初である。VMF-214「ブラックシープ」飛行隊は、総合で126機撃墜、34機不確実撃墜、6機撃破の成績をあげたのち南太平洋を離れて本国に戻り、航空母艦上で訓練を受けたのち空母フランクリンに搭載して1945年3月18日に活動を開始した。しかし、不幸なことにその翌日、同艦に爆弾が命中し、戦線離脱を余儀なくされた。

22

F4U-1A　「白の883」　BuNo 17883　1943年12月
ベララベラ　第214海兵戦闘飛行隊長
グレゴリー・ボイントン少佐

ボイントンとロバート・マックラーグ中尉がしばしば乗ったといわれるのが、この「白の883」である。

23

F4U-1A　「白の86／Lulubelle」　BuNo 18086
1943年12月　ベララベラ　第214海兵戦闘飛行隊長
グレゴリー・ボイントン少佐

VMF-214は、よその飛行隊と戦闘機を共同管理していたから、隊の所有機というものがなかったはずなのに、このF4Uにはこれがあたかもボイントン少佐の専用機であるかのごとく、「Lulubelle」の名と少佐の個人名が書き込まれている。

24

FG-1A　「白の271」　BuNo 13271　1944年1月
ブーゲンビル　第211海兵戦闘飛行隊
ジュリアス・アイルランド少佐

アイルランドは1944年1月23日、F4U-1、BuNo 17586に乗ってラバウルまでSBDドーントレスを護衛し、その際零戦を1機撃墜、1機不確実撃墜した。アイルランドはさらにその日のうちに連続出撃して、この「白の271」でラバウルを掃討し、その時零戦を2機撃墜した。彼はそれ以前にも1月3日に（F4U-1、BuNo 17526で）ラバウルで零戦を1機撃墜、1月17日に（FG-1A、BuNo 13259で）ウィンフリー大尉およびパラダイス中尉と零戦1

機を協同撃墜しているが、最後1月29日に（FG-1A、BuNo 13259で）ラバウルまでB-24を護衛するかたわら零戦1機を撃墜して、合計戦果を撃墜5.333機とした。

25
F4U-1 「白の17-F-13」 1943年8月 空母バンカーヒル
第17戦闘飛行隊 ジェイムズ・ハルフォード中尉
ハルフォードは3.5機撃墜の記録をもつが、それは1942年にワイルドキャットで達成したもので、コルセアによる記録はない。

26
F4U-1A 「白の1／BIG HOG」 BuNo 17649 1943年11月
オンドンガ 第17戦闘飛行隊 ジョン・ブラックバーン少佐
ブラックバーンはVF-17の隊長在任中に、撃墜11機、不確実撃墜5機、撃破3機という目をみはる記録を残した。そして彼が率いたVF-17もまた、全体で154.5機を撃墜する輝かしい戦果をおさめ、ソロモンの戦史にその名を刻んだのであった。VF-17は海兵隊の飛行隊と違って各パイロットに専用機を割り当て、この「BIG HOG」もブラックバーン少佐の専用機だった。

27
F4U-1A 「白の19」 1943年11月 オンドンガ
第17戦闘飛行隊 ポール・コードレー大尉
コードレーの記録は撃墜7、不確実撃墜1、撃破3機である。

28
F4U-1A 「白の15」 1944年2月 オンドンガ
第17戦闘飛行隊 ダニエル・カニンガム中尉
カニンガムの記録は撃墜7、撃破1.5である。

29
F4U-1A 「白の9／LONESOME POLECAT」 1944年1月
オンドンガ 第17戦闘飛行隊 マール・ダヴェンポート大尉
「ブッチ」・ダヴェンポートは6.25機を撃墜した。

30
F4U-1A 「白の34／L. A. CITY LIMITS」 BuNo 17932
1943年11月 オンドンガ 第17戦闘飛行隊
ドリス・フリーマン中尉
「チコ」・フリーマンはVF-17在籍中に2機撃墜、2機不確実撃墜を達成してからVF-84に移り、1945年だけで7機撃墜を追加した。

31
F4U-1A 「白の29」 1944年1月 ブーゲンビル
第17戦闘飛行隊 アイラ・ケプフォード中尉
「アイク」・ケプフォードは撃墜16、不確実撃墜1、撃破1の総合成績をあげて、海軍きってのエースとなった。

32
F4U-1A 「白の29」 1944年1月 ブーゲンビル
第17戦闘飛行隊 アイラ・ケプフォード中尉
撃墜マークが誇らし気なケプフォードの2番目の専用機「29」。1943年1月に胴体着陸して廃却処分になった最初の「29」は撃墜マークが片側にしかなかったが、この2番目の「29」から胴体の両側にマークが並ぶようになった。

33
F4U-1 「白の9」 BuNo 02288 1943年6月
ガダルカナル 第213海兵戦闘飛行隊長
グレゴリー・ワイセンバーガー少佐
ワイセンバーガーは1943年6月30日に3機、7月11日と18日に各1機を撃墜して、驚くべき短時間でトータルスコアを5機とした。この「白の9」は事実上彼の専用機で、標準の二色塗装に仕上げられ、平面図でわかる通り主翼上面のウォークウェイの境界が黒線で表示され、また各機銃の銃口が3本のテープでシールされている。

34
F4U-1A 「白の17」 BuNo 18005 1944年3月
ブーゲンビル 第17戦闘飛行隊 ロジャー・ヘドリック少佐
これはヘドリックが1944年2月18日に日本機3機を撃墜して、VF-17在籍中の最後の仕上げを行なった機体である。彼はそれ以前にもBuNo 17659で、一日3機撃墜を達成している。

35
F4U-1A 「白の25」 1944年5月 ブーゲンビル
第17戦闘飛行隊 ハリー・マーチ・Jr大尉
マーチは最初VF-6に所属し、1942年8月にワイルドキャットに乗って3機を撃墜、その後VF-17に移ってからはしばらく戦果に恵まれなかったが、1944年1月28日にF4Uで一気に2機を撃墜してエースとなった。

36
F4U-1A 「白の8」 1944年1月 ブーゲンビル
第17戦闘飛行隊 アール・メイ中尉
メイの戦績は撃墜が総計8機で、しかもそれが全部零戦である点に特徴がある。

37
F4U-1A 「白の22」 1944年2月 ブーゲンビル
第17戦闘飛行隊 ジョン・スミス少尉
スミスのVF-17在籍中の戦果は撃墜3、不確実撃墜3どまりだったが、VF-84に移ってから急にピッチを上げ、1945年中に撃墜7を追加した。

38
F4U-1A 「白の3」 1944年2月 第17戦闘飛行隊
フレデリック・ストレイグ少尉
図の「白の3」は、すでに撃墜3、撃破2を達成ずみだったストレイグが、1944年1月27日にラバウル上空で一挙に零戦を2.5機撃墜して、合計撃墜戦果を5.5機とした直後の状態を示す。国籍標識の赤の縁どりは米軍機としてはたいへん珍しいが、それは1943年6月28日に白帯の追加と一緒に制定されたものが、赤は日本機の日の丸と間違える可能性があるという強硬意見が出て、赤の縁どりのみがわずか1カ月後の7月31日に廃止されるという経過をたどったからである。

39
F4U-1A 「白の5」 BuNo 17656 1944年2月
第17戦闘飛行隊 ブーゲンビル トーマス・キルファー中尉
キルファーは成績が撃墜4.5機だったため、あと一歩のところでエースに成り損ねた気の毒なパイロットである。彼は1944年3

月5日、この機体で飛行中にエンジンが不調をきたし、ブーゲンビル島北のニッサン島の飛行場に不時着している。

40
F4U-2 「黒の212／Midnite Cocktail」 1944年4月
サイパン 第532海兵夜間戦闘飛行隊
ハワード・ボルマン大尉

この夜間戦闘機型コルセア「黒の212」は本来キャニス、ロイター両中尉の専用機だが、ボルマンはこれに乗って1944年4月14日の深夜0112時に一式陸攻を撃墜した。この夜は敵との遭遇が頻繁で、ボルマンの勝利の直前0036時にボンナー中尉が1機、0111時にソビーク中尉が1機、いずれも一式陸攻を撃墜している。そして結局のところこの晩の戦果が、戦争中にVMF(N)-532が挙げた撃墜記録のすべてになってしまった。「黒の212」は二色迷彩塗装こそ標準仕様だが、注意して見ると胴体前方側面の発電機用小型エアスクープ、右側主翼のレドーム、腹部のVHFホイップアンテナ、撤去された標準アンテナマストなど、多くの改造点が見つかる。キャノピー後部頂上の装甲板に注意されたい。

41
FG-1A 「黄の056／Mary」 BuNo 14056 1944年11月
ペリリュー フランシス・ピアス・Jr大尉

「エフィー」・ピアスがつくった撃墜6機の記録のうち、F4Uによるものは1943年6月30日の一式陸攻1機だけで、あとは全部それ以前に乗っていたF4Fによる成果だった。垂直尾翼の一部が白く塗られているのは別にピアスの趣味によるものではなく、VMF-121の部隊標識なのである。

42
F4U-1A 「白の108」 1943年11月 ガダルカナル
第111海兵戦闘飛行隊 ジョージ・ホロウェル少佐

ホロウェルの撃墜戦果は全部ワイルドキャットによるもので、コルセアによるものは1機もない。しかし彼がそれを自分の三色迷彩のコルセアに誇らし気に表示したので、この「白の108」の図でそれを忠実に再現した。さらにこの図には、撃墜マークと一緒に爆弾をかたどった爆撃マーク25個も表示されている。

43
F4U-1A 「黒の77」 NZ5277 1945年 ソロモン
ニュージーランド空軍

怒ったドナルドダック、出撃マーク、撃墜マークなどをいとも賑やかに並べた派手な機体。出撃マークは9個の大型爆弾、7個の小型爆弾、9台のトラックおよび8隻の船から成る。二色の迷彩は上半分がオーシャンブルーで、下半分がライトグレイ。RNZAFの標識は、最初にあった米軍国籍マークの上に重ね描きしたものらしいが、厳密にいうとラウンデルに対して帯の位置が少し上へずれている。この機体は1944年5月5日にニュージーランドを離れ、同月20日にガダルカナルに展開、複数の飛行隊の手で戦闘に投入されたのち1945年10月にニュージーランドに帰った。

44
F4U-1A 「白の122」 1944年 ギルバート諸島
第111海兵戦闘飛行隊

100個の出撃マークで飾られたこの「白の122」は、戦時中に感状を授与された唯一のアメリカ軍用機である。コルセアは純粋に戦闘機として開発されたにもかかわらず、のちに地上攻撃に大きな威力を発揮するようになった。最初のうちは爆弾を吊るす改造を現地部隊が細々と実施する程度だったのが、やがてチャンス・ヴォート社が地上攻撃能力をもつ機体を自社工場で生産するようになり、コルセアはその多用途性が高く評価されて、戦後も長期間にわたり使用された。

45
コルセアII 「白のTRH」 JT427 1945年1月
空母ビクトリアス イギリス海兵隊第47航空団
ロナルド・ヘイ少佐

ヘイが1945年1月24日に隼と鍾馗を各1機撃墜した機体。ヘイは続けて29日にも同じく隼と鍾馗各1機を撃墜している。3色塗装のカラーは、上から順にダークシーグレイ、ダークシーグリーン、ライトグレイ。これはヘイの専用機で、現地で真下と左舷斜め下を撮影するカメラを後部胴体に搭載する改造を受け、その窓が図にも現われている。1944年8月に英海軍が受領し、1945年5月にビクトリアスへの着艦に失敗して廃却処分になった。その時操縦していたニュージーランド空軍のホワイト中尉は、飛行甲板上を暴走した「JT427」が奇跡的に甲板の縁から半分身を乗り出したかたちで停止したため、奇跡的に負傷を免れた。

46
コルセアII 「白のT8H」 JT410 1945年1月
空母ビクトリアス イギリス海軍第1836飛行隊
ドナルド・シェパード中尉

シェパードは、コルセアのみで撃墜を重ねてエースとなった、英海軍航空隊唯一のパイロットである。その記録の跡をたどると、まず1945年1月4日に隼2機と鍾馗1機を撃墜(後者は最初不確実と判定されたがのちに確実撃墜と認められた)、次いで1月29日に隼1機と鍾馗1機をヘイ少佐と協同撃墜(以上はこの「JT410」で達成)、続いて5月4日に「JT537」に乗って彗星を撃墜して合計5機となった。「JT410」の経歴についてわかっているのは、英海軍が受領したのが1944年7月で、1945年2月9日にニュージーランド空軍のホランド中尉の操縦で着艦した時に両輪の車軸が折れ、同年6月までオーストラリアのバンクスタウンの修理工場に入っていたというところまでで、そこから先はわからない。この経歴から、英海軍に入籍後シェパードが初の撃墜を遂げるまで半年近い空白があったことがわかるが、じつはその間の10月19日に同じ飛行隊のエドマンスン大尉がこの「JT410」を操縦して、カーニコバー島沖で隼を1機撃墜しているのである。

47
F4U-1D 「白の1」 1945年2月 空母ベニントン
第112海兵戦闘飛行隊 ハーマン・ハンセン・Jr少佐

ハンセンはVMF-122の隊長に就任後、1943年6月30日に零戦を1機撃墜した。その後長い空白を経て1945年2月17日に東京郊外の原町田上空で隼1機を撃墜したが、それから急に勢いに乗り、たて続けに撃墜3.5機、撃破2.5機を追加した。この「白の1」の方向舵に「ベニントンの松」と呼ばれる変わった幾何学模様が描いてあるが、これは多数の空母が集団を組んで行動する時の混乱を防ぐため、各艦上機の所属空母を一瞥で判定する目的で考案されたもので(これを「Gシステム」と称した)、正式には1945年1月27日から実施された。しかし結局のところこの特殊なマークが特に識別容易というわけでもなく、また記入に

手間がかかるため、1945年7月に普通のアルファベット文字に変更されてしまった。

48
F4U-1D 「白の167」 BuNo 57803 1945年2月
空母バンカーヒル 第84戦闘飛行隊
ロジャー・ヘドリック少佐

ヘドリックは1945年2月25日、この機体を操縦して疾風2機と零戦1機を撃墜し、スコア総計を撃墜12、撃破4とした。図はその時の状態を再現したもので、この直前に実施された東京地区初襲撃に際してノーズに描き込まれた黄色の帯は消されている。ひとつ前のNo.47「白の1」と同じく、尾翼に識別用の(「Gシステム」の)大きな矢印が描いてある。

49
F4U-1D 「白の184」 1945年2月 空母バンカーヒル
第84戦闘飛行隊 ウイリス・レイニー大尉

カラー図48の「白の167」でヘドリックが最後の戦果をあげた1945年2月25日に、ヘドリックとともに関東地区を襲ったレイニーは、香取飛行場に近い犬吠埼上空でこれもヘドリック同様、彼にとって最後の撃墜(1機)を果たした。レイニーの最終記録は撃墜5、不確実撃墜2、撃破1だった。

50
F4U-1D 「白の66」 1945年4月 空母イントレピッド
第10戦闘飛行隊 アルフレッド・ラーチ少尉

方向舵にイントレピッド搭載機であることを示す白い縦線(これも「Gシステム」の産物)を描いたこの「白の66」で、ラーチは1945年4月16日、九七戦6機と九九艦爆1機を撃墜した。VF-10はF4F、F6F、F4U、3種類の戦闘機で実戦を経験した唯一の飛行隊で、3回の前線勤務期間中に27名のエースを生んだ。

51
F4U-1D 「黄のFF59」 1945年7月
空母ケープグロースター
第351海兵戦闘飛行隊長 ドナルド・ヨスト少佐

VMF-121在籍中に6機撃墜の実績を残したヨストは、VMF-351に移ってから1945年7月23日に彗星、8月5日に銀河各1機を撃墜して、総撃墜数を8機とした。ヨストが率いたVMF-351は、護衛空母に搭載されて実戦に臨んだ飛行隊の中では、活動開始の時期が最も早い。

52
F4U-1D 「白の6」 1944年12月 空母シャングリラ
第85戦闘飛行隊 ジョー・ロビンズ大尉

VF-85は1944年11月11日にシャングリラ上で慣熟訓練を開始し、6週間後にサンディエゴに戻って20mm機関砲装備のF4U-1Cを36機受領すると、そのまま戦場に直行した。しかしなぜかロビンズは実戦ではF4U-1DとFG-1Dしか使っていない。ロビンズは以前F6Fでつくった記録に、VF-85に移ってからつくった3機の撃墜記録を上乗せして首尾よくエースとなったが、残念なことにVF-85からは彼以外エースは生まれなかった。

53
F4U-1C 「白の11」 1945年5月 空母シャングリラ
第85戦闘飛行隊 ジョー・ロビンズ大尉

ロビンズは1945年5月11日、F4U-1C、BuNo 82574に乗って零戦を3機撃墜、1機撃破した。彼はそれ以前VF-6に在籍中に、1944年1月29日にF6F-3、BuNo 66010で九七重爆を1機、2月16日にF6F-3、BuNo 40027で零戦を1機、それぞれ撃墜している。図のF4U-1Cの尾翼に描かれた稲妻のマークは、1945年1月に採用されたシャングリラ搭載飛行隊の識別標識である。

54
F4U-1D 「白の51」 1945年5月 沖縄
第323海兵戦闘飛行隊 ロバート・ウェイド中尉

ウェイドは1945年4月15日に飛燕を2機撃墜、5月4日には九九艦爆2機と九七戦2機を撃墜、九七戦3機を撃破、さらに5月12日に百式司偵を0.5機撃墜、そして最後の6月3日に九九艦爆を0.5機撃墜して、合計7機撃墜の記録を残した。

55
F4U-1D 「白の48」 BuNo 57413
1944年10月～1945年3月 エスピリツサント
第323海兵戦闘飛行隊 ジャック・ブローリング中尉

ブローリングは、VMF-323がニューヘブリデス諸島のエスピリツサント島に到着した時点でこの機体を専用機として割り当てられたが、その後同隊が沖縄に移動した時は、隊内における専用機の制度は廃止されていた。ブローリングはVF-323の他の隊員同様、ひたすら戦闘哨戒飛行と地上攻撃に明け暮れ、撃墜記録とはまったく縁のない日々を送った、「肝心な時に肝心な場所に居損なった」気の毒なパイロットの典型である。

56
F4U-1D 「白の31」 1945年5月 沖縄
第323海兵戦闘飛行隊 フランシス・テリル中尉

テリルについては、1945年4月15日から5月17日の間に、撃墜6.083、撃破4の記録を残したということしかわかっていない。

57
F4U-1D 「白の26」 1945年4月 沖縄
第323海兵戦闘飛行隊 ジェリマイア・オキーフ中尉

オキーフの戦果は、4月22日の九九艦爆5機と、同月28日の九七戦2機の撃墜がすべてで、そのいずれもが神風特攻機だった。

58
F4U-1D 「白の207」 1945年5月 沖縄
第224海兵戦闘飛行隊 マーヴィン・ブリストウ少尉

このブリストウのコルセアには3個の撃墜マークが描いてあるが、ブリストウ自身は撃墜1.5機(5月4日に零戦1機、5月6日に天山0.5機)以上の成績をあげていない。VMF-224のマーキングはいっぷう変わっていて、機体識別コード番号をエンジンカウルに隣接して記入し、飛行隊の標識をプロペラスピナーの黄色塗装で代行させている。

59
F4U-4 「白の13」 BuNo 80879 1945年6月 沖縄
第222海兵戦闘飛行隊 ケネス・ウォルシュ大尉

撃墜21機の記録を樹立したウォルシュが、最後6月22日に神風特攻機の零戦を1機撃墜した機体がこの「白の13」である。

60
F4U-1D 「白のF107」 1944年 ノースカロライナ州チェリーポイント海兵隊航空基地 第913海兵戦闘飛行隊 フィリップ・デロング中尉

多くのF4Uのエース同様、11.166機撃墜の栄誉に輝くデロングも、のちに本国の訓練部隊に配置転換されて、自身の経験を後輩に伝える仕事に専念した。これはチェリーポイントで彼に割り当てられた機体だが、撃墜マークが記入されているところが面白い。デロングは戦後VMF-312に移り、空母バタアンに搭乗して朝鮮戦争に参加、F4U-4、BuNo 97380に乗って1951年4月21日偵察任務遂行中にヤク-9を2機撃墜した（詳細は『Osprey Aircraft of the Aces 4——Korean War Aces』を参照）

パイロットの軍装　解説
figure plates

1
アーサー・「ログ」・コナント大尉　1944年1月　トロキナ 第215海兵戦闘飛行隊

コナントは、太平洋戦線の米海兵隊／海軍のコルセアパイロットの典型ともいうべき、標準的な服装と装備を身につけている。海兵隊のカーキ色のシャツとパンツ、名前入りの海軍軽量フライトジャケット、「探検隊」スタイルのブーツ、M40飛行帽とウイルソンMk2ゴーグル、喉マイクロフォンがどれもそうだ。コナントが右肩に担ぐパラシュートとサバイバルキット、左腕に吊り下げた救難信号用着色マーカーおよびホイッスルつきのN2885ライフジャケット、腰のM1936ガンベルトに吊ったホルスターにおさめた45口径コルト1911A1型拳銃も例外ではない。手袋とサングラスももちろん海軍の標準品である。

2
ハロルド・スピアーズ大尉 1943年12月　ブーゲンビル　第215海兵戦闘飛行隊

スピアーズはコナントと同じ第215海兵戦闘飛行隊の隊員だが、服装はかなり略式で、海兵隊用の長袖シャツは正規だが、パンツは下半分を「ちょん切った」ものをはいている。彼はまた頑丈で重いブーツが嫌いで、いつも自分でどこからか買ってきた、粉を吹いたようなスエードの「山歩き用」の短靴で飛んでいた。しかし頭と首まわりの装備品はコナントと同じく、まったくの正規品である。ライフジャケットもN2885の標準品だが、なぜかうしろ前にかぶっている。このうしろ前の着方は、理由は不明だが、パイロットの間でひとつの流行になっていた。

3
グレゴリー・「パピー」・ボイントン少佐　1943年12月 ベララベラ　第214海兵戦闘飛行隊長

コナント、スピアーズと大差ない格好だが、救命胴衣だけが違い、旧式の、しかも第122海兵戦闘飛行隊からの借用品を着用している。

4
ジョン・ボルト・Jr中尉　1944年　ベララベラ 第214海兵戦闘飛行隊

ボイントンの「ブラックシープ」飛行隊のボルト中尉は、葉巻の愛好家だった。彼が着ているのはどれも正規のものばかりで、飛行帽のイヤフォンだけが特注品である。ライフジャケットがちょっと膨らんでいるが、これもどこが格好いいのか、多くのパイロットがこのスタイルを好んだ。

5
ロニー・ヘイ少佐　1945年　空母ビクトリアス イギリス海兵隊　第47戦闘航空団

ヘイ少佐はれっきとしたイギリス海兵隊の軍人で、しかも終始イギリスの空母からコルセアを飛ばせていたというのに、この軽いつなぎの飛行服を着た姿は、どう見てもアメリカ海軍のパイロットである。もっとも彼に限らず、イギリス空母のパイロットはみんなこの格好が好きだったらしい。ヘイの「メイウエスト」すなわちライフジャケットは大戦後期の改良型で、サバイバルキットを入れるポケットのついた点があたらしい。左手に持つC型飛行帽には、大戦後期型のマスクとMkⅧゴーグルが付属している。靴は軍支給のエナメル皮の短靴である。

6
ハリー・「ダーティーエディー」・マーチ・Jr中尉 1944年5月　ブーゲンビル　第17戦闘飛行隊

アメリカ海軍／海兵隊専用の杉綾織のつなぎを着て「探検隊」ブーツをはき、腰の革ベルトにコルト1911A1型45口径ピストルを吊っている。救命ジャケットは旧型で、裏に縫い付けた白色のサバイバルキットがちらっと見える。ライフジャケット前面の「MARCH」の文字と、この見開きの他の海兵隊パイロットのものとはまったく違う最新型の飛行帽とマスクが注意を惹く。

◎著者紹介 | マーク・スタイリング　Mark Styling

オスプレイ社の軍用機関連書籍に多くのイラストを提供。本シリーズのスケール図面も描いている。また、最近、エアブラシからマッキントッシュに作画メディアを切り換え、本シリーズ第26巻『太平洋戦争の三菱一式陸上攻撃機 部隊と戦歴』のカラー塗装図がその成果のひとつである。

◎訳者紹介 | 武田秀夫　たけだひでお

1931年生まれ。東京大学工学部機械工学科卒業。日野自動車を経て本田技術研究所に入社、F1や各種乗用車の設計開発に従事し、1990年退職。訳書に『ハイスピードドライビング』『F1の世界』『ポルシェ911ストーリー』(いずれも二玄社刊)、『第8航空軍のサンダーボルトエース』『アムトラック米軍水陸両用強襲車両』『M26/M46パーシング戦車 1945-1953』(大日本絵画刊)などがある。現在東京都内に在住。

オスプレイ軍用機シリーズ 32

第二次大戦の
F4Uコルセアエース

発行日	2003年4月10日　初版第1刷
著者	マーク・スタイリング
訳者	武田秀夫
発行者	小川光二
発行所	株式会社大日本絵画 〒101-0054 東京都千代田区神田錦町1丁目7番地 電話：03-3294-7861 http://www.kaiga.co.jp
編集	株式会社アートボックス
装幀・デザイン	関口八重子
印刷／製本	大日本印刷株式会社

©1995 Osprey Publishing Limited
Printed in Japan
ISBN4-499-22806-9　C0076

Corsair Aces of World War 2
Mark Styling
First published in Great Britain in 1995,
by Osprey Publishing Ltd, Elms Court,
Chapel Way, Botley, Oxford, OX2 9LP.
All rights reserved.
Japanese language translation
©2003 Dainippon Kaiga Co., Ltd.

ACKNOWLEDGEMENT

The author would like to thank the following Corsair pilots for their contributions towards this volume—George C Axtell, Donald L Balch, John F Bolt, Jack Broering, Jim Cupp, Archie Donahue, Marion E Carl, Dewey F Durnford, Roger Conant, Lt Gen Hugh M Elwood USMC(ret), Phillip C Delong, Howard J Finn, Ronnie Hay, Roger Hedrick, J W Ireland, Lt Col Robert M McClurg USMC(ret), Jeremiah J O'Keefe, Edwin L Olander, Bob Owens, Joe D Robbins, Lin Shuman and Kenneth A Walsh. Finally, I would also like to thank William Hess, Peter Mersky, Jim Sullivan and Barrett Tillman for their invaluable assistance. The editor acknowledges the permission of the US Navy FPO for the use of the Solomons campaign map reproduced in chapter one.